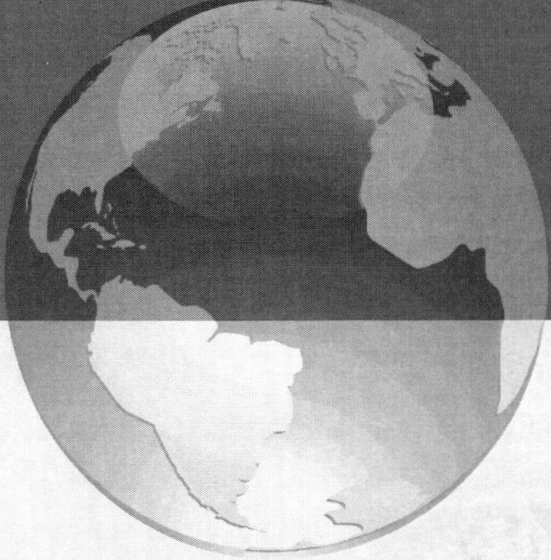

企業會計學基礎

（第三版）

主　編　謝合明
副主編　鄭劭、胡偉

S 崧燁文化

序言

　　傳統的基礎會計學針對的會計主要環境之一就是手工會計核算系統，在此基礎上，形成了一系列的適應手工核算系統的會計信息處理原理和方法。隨著會計主要環境之一的手工會計核算系統逐步被計算機會計核算系統所取代，傳統的基礎會計學如何適應現代環境的要求，其內容和體系將發生怎樣的變化等問題，已提到議事日程。目前，高等院校非會計學專業很多都開設有「會計學」課程。該課程要求學生應該掌握哪些知識點、結構體系如何編寫，是值得探討的問題。同時，如何將會計學專業的「基礎會計學」與非會計學專業的「會計學」有機地整合在一起，也是一值得探討的問題。

　　本書編寫的指導思想是力求簡潔、通俗，理論與實務相結合。在具體編寫過程中，一是將傳統基礎會計學教材編寫體系進行改革，且充分考慮編寫組人員的知識面及知識結構，要求編寫組人員既懂會計又懂計算機，既懂會計手工操作業務又懂會計電算化操作程序；二是綜合目前已出版的非會計學專業的會計學教材，結合講授非會計學專業會計學課程的經驗，編寫出滿足該課程特色的編寫體系及內容；三是將會計學專業的基礎會計學與非會計學專業的會計學進行有機地整合。

　　全書共分為九章。參加本書編寫的人員有：謝合明、吳翠英（第一章），段雪梅（第二章），畢文署（第三章），李紅豔（第四章），陳容（第五章），吳翠英、王歡（第六章），吳翠英、劉驥（第七章），李鈺（第八章），孟悅（第九章）。仲穎佳、余淼、吳翠英對全書進行了初審，全書的總纂工作由謝合明負責。本書是四川省精品課程系列教材之一，可滿足高等院校會計學專業以及非會計學專業教學的需要，也可作為經濟管理人員的工作參考書。由於本書是一次教材編寫體系的全新探索，而會計學科從理論到實踐都在不斷發展變化，同時受我們水平的限制，書中難免存在缺點或錯誤，歡迎廣大讀者批評指正。

目 錄

第 1 章　會計概念框架 ………………………………………………… (1)
　　1.1　會計的演變與發展 ……………………………………………… (1)
　　1.2　會計職能與會計目標 …………………………………………… (5)
　　1.3　會計法規體系 …………………………………………………… (7)
　　1.4　會計核算基本前提 ……………………………………………… (13)
　　1.5　會計信息質量要求 ……………………………………………… (15)
　　1.6　會計對象 ………………………………………………………… (19)
　　1.7　會計核算方法與核算流程 ……………………………………… (30)

第 2 章　會計核算流轉程序 …………………………………………… (34)
　　2.1　會計科目和帳戶 ………………………………………………… (34)
　　2.2　借貸記帳法 ……………………………………………………… (37)
　　2.3　會計憑證 ………………………………………………………… (50)
　　2.4　會計帳簿 ………………………………………………………… (59)
　　2.5　帳務處理程序 …………………………………………………… (70)

第 3 章　資金進入企業 ………………………………………………… (80)
　　3.1　權益資金籌集的核算 …………………………………………… (80)
　　3.2　借入資金籌集的核算 …………………………………………… (82)

第 4 章　採購與付款 …………………………………………………… (85)
　　4.1　採購環節概述 …………………………………………………… (85)
　　4.2　採購環節核算 …………………………………………………… (86)

第 5 章　生產與入庫 …………………………………………………… (97)
　　5.1　生產環節概述 …………………………………………………… (97)
　　5.2　生產環節的核算 ………………………………………………… (97)
　　5.3　產品成本計算及入庫 …………………………………………… (102)

第 6 章　銷售與收款 ……………………………………………（106）
　　6.1　銷售環節概述 ………………………………………（106）
　　6.2　銷售環節的核算 ……………………………………（110）

第 7 章　利潤形成及分配 ………………………………………（118）
　　7.1　利潤形成及分配概述 ………………………………（118）
　　7.2　利潤形成及分配的核算 ……………………………（120）

第 8 章　資金退出企業及其他 …………………………………（131）
　　8.1　資金退出企業的核算 ………………………………（131）
　　8.2　其他業務核算 ………………………………………（134）

第 9 章　財務會計報告的編製與解讀 …………………………（148）
　　9.1　財務會計報告編製準備 ……………………………（148）
　　9.2　財務會計報告的編製 ………………………………（157）
　　9.3　財務會計報告的解讀 ………………………………（175）

第 1 章　會計概念框架

學習目的：通過本章的學習，學生要瞭解會計的發展過程以及會計的法律法規體系；熟悉會計核算方法及核算流程；熟練掌握會計對象即會計要素的具體內容；重點掌握會計職能與會計目標、會計核算前提以及會計信息質量要求等。

會計是以貨幣作為主要計量單位，反應和監督一個單位經濟活動的一種經濟管理工作。會計主要反應企業的財務狀況、經營成果和現金流量，並對企業經營活動和財務收支進行監督。「經濟愈發展，會計愈重要」。會計並非與生俱來，它是隨著人類社會生產的發展和經營管理的需要而產生的，並不斷地發展與完善。

1.1　會計的演變與發展

物質資料的生產從來就是人類社會生存和發展的基礎。在長期的人類社會生產實踐中，人們逐漸認識到，物質資料的生產既是一個創造過程，同時又是一個消費過程。社會一方面創造物質財富，形成生產剩余；另一方面投入人、財、物，發生生產耗費。而人們生產的目的是要以最少的耗費得到最大的產出。因此，如何有效地完成生產目的，其主要途徑有二：一是不斷地採用新技術、新工藝等；二是加強生產經營管理，對生產過程中的勞動耗費和勞動成果進行科學核算和監督。基於實踐中的客觀需要，以確認、記錄、計量、報告信息為目的的會計行為便應運而生。

1.1.1　會計在中國的產生與發展

會計作為一門科學，在中國已具有悠久的歷史。它產生於西周時代，在當時就設有專門核算官方財賦收支的官職「司書」「司會」，專門從事會計工作。從宋代開始，官史需編造「四柱清冊」以報銷錢糧或辦理移交等。當時所說的「四柱」是指舊管、新收、開除、實在，相當於現在我們所說的期初結余、本期收入、本期付出、期末結存。其平衡公式為：舊管＋新收－開除＝實在。通過該公式，既可檢查日常記錄又可進行分類匯總，從而做到全面、綜合的反應。這種科學的單式收付簿記，在中國的會計發展史上具有十分重要的意義。

明、清兩代，中國商業、手工業有了較大規模的發展，為了適應當時生產管理的需要，會計工作者設計出了「龍門帳」與「四腳帳」，標誌著中國復式簿記的開始。「龍門帳」是把全部經濟活動所反應的帳項劃分為「進（各項收入）、繳（各項支出）、

存（各項資產）、該（資本及各項負債）」四大類，運用「進－繳＝存－該」的平衡公式計算盈虧，分別編製「進繳表」（相當於利潤表）、「存該表」（相當於資產負債表），兩表計算的盈虧數應當相等，又稱為「合龍門」，「龍門帳」由此得名。「四腳帳」，也稱「天地合帳」，它要求一切經濟業務的會計處理都要在帳簿上記錄兩筆，既登記「來帳」，也登記「去帳」，以反應同一項經濟業務的來龍去脈。在帳簿記錄上採用垂直書寫，分上下兩格，上格記收，稱為「天」，下格記付，稱為「地」，上下兩個所記數必須相等，稱為「天地合」。

從民國時期開始到新中國成立前，中國中西式會計並存。

新中國成立以後，國家對會計工作充分重視，國家財政部建立了主管全國會計工作的專門機構，並制定了大量的會計制度來指導企業的會計工作。1985年，中國頒布了《中華人民共和國會計法》（下稱《會計法》），使會計工作納入了法制化軌道。1992年，財政部頒布了《企業會計準則》和《企業財務通則》，實現了會計核算制度和財務管理模式的重要轉變，也是中國會計與國際會計接軌的一項重大舉措。2001年，《企業會計制度》的頒布實施，進一步加快了中國會計的國際化進程。2006年2月15日頒布並於2007年1月1日正式實施的新《企業會計準則》使中國的企業會計準則與國際會計準則之間實現了實質性的趨同。

1.1.2 會計在國外的產生與發展

在國外，會計產生於原始的規模較小的印度公社。到15世紀，會計核算的基本方法和技術已達到相當成熟的地步。1494年，義大利數學家盧卡·巴其阿勒（Luca Pacioli）出版了《算術、幾何及比例概要》一書，該書第三篇全面系統地介紹了威尼斯的復式記帳法。在此后五百多年的歷史長河中，隨著世界商業中心從地中海轉移到大西洋，繼而轉移到太平洋，該方法也隨之傳播到世界各地，構成了世界上大多數國家復式記帳法的基本框架，對世界各國會計產生了非常深遠的影響。其傳播路徑如圖1-1所示。

15—19世紀，會計理論與方法的發展比較緩慢。直到18世紀中期，英國等西方國家相繼爆發了工業革命，工業制度的確立，尤其是股份公司的不斷出現，客觀上要求有一套與之相適應的會計方法。義大利簿記法已表現出對企業的不適應。由於股份有限公司的所有權與經營權的分離，企業的股東以及與企業有利害關係的集團，要求企業定期提供有關企業財務狀況和經營成果的財務報表，同時要對企業提出的財務報表進行審查，於是出現了職業會計師行業。1854年，世界上第一個會計師協會——英國愛丁堡會計師協會成立，標誌著會計的服務對象和內容的擴展。

19世紀末20世紀初，世界經濟發展的中心逐漸轉移到美國。20世紀20—30年代，美國對標準成本會計的研究有了突飛猛進的發展，為了規範會計工作，提高財務報告的真實性，以美國為首的一些國家會計師協會開始制定「公認會計準則」。

20世紀50年代以後，電子計算機技術被應用到會計領域，出現了會計電算化。另外，由於「標準成本」「預算控制」理論的應用和「泰勒管理制」的進一步推廣，傳統的會計逐漸形成了相對獨立的兩大分支：財務會計和管理會計。到這一時期，會計

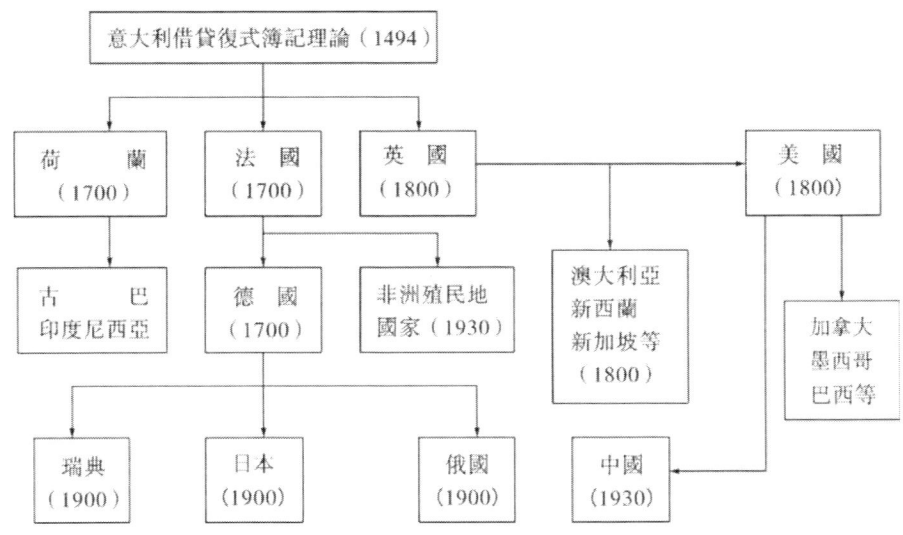

圖1-1 義大利借貸復式記帳法傳播圖

方法已經比較完善，會計科學也比較成熟。

通過上述內容，我們可以看出，會計的產生和發展經歷了很長的歷史時期，它隨著社會生產的發展和經濟管理的客觀需要而產生、發展並不斷完善。實踐證明，經濟越發展，會計越重要；反過來，會計發展了，也能更好地服務於經濟，推動社會經濟的進一步發展。

1.1.3 會計及會計學分支

1.1.3.1 會計的概念與特點

會計在社會經濟管理中的意義重大，那究竟什麼叫會計？中外會計界許多學者提出了自己的看法，但至今沒有統一。目前，會計理論界主要有決策有用論、管理工具論、信息系統論、管理活動論四種主要觀點。這表現為以下幾種說法：

會計是以貨幣形式和一定專門方法對經濟活動進行的核算和管理。

會計是以對用戶提供有用的財務信息為目標，以反應、控制企業和各單位經濟活動過程為內容的一種管理活動。

會計是旨在提高經濟效益，加強經濟管理而在企業或經濟實體範圍內建立的一個提供會計信息的信息系統。

會計是經濟管理的重要組成部分。它通過收集、加工和利用以一定的貨幣單位作為計量標準表現的經濟信息，對經濟活動進行組織、控制、調節和指導，促使人們比較得失、權衡利弊講究經濟效益的一種管理活動。

會計是一個以貨幣量度，按公認標準來計量、控制、認定受託責任的完成情況，以便決策的控制系統。

綜上所述，本書將會計定義為：會計是以貨幣為主要計量單位，採用專門的會計程序與方法，對經濟活動進行確認、計量、記錄與報告，綜合地反應和監督經濟活動全過程，以實現最佳經濟效益的一種經濟管理活動。

會計作為一種經濟管理活動，與其他管理活動相比，具有以下幾個特點：

（1）以貨幣為主要計量單位。儘管有些會計業務需要運用實物量度和勞動量度作為輔助量度，但貨幣量度是會計最基本、主要的計量尺度。

（2）以憑證為基本依據。為了如實地反應經濟活動的真實情況，會計的任何記錄和計量都必須以真實合法的會計憑證為依據，這樣才可以保證會計信息的真實性和可驗證性。

（3）具有連續性、系統性、全面性的特點。連續是指會計在進行核算時應按經濟業務發生的時間先後順序連續地進行登記。系統是指從開始記錄經濟業務到最後編製會計報表的整個會計核算過程中，要對會計資料進行分類、加工整理、匯總等，使之系統化。全面是指對每一筆經濟業務都要記錄，不能任意取捨，做到全面完整。

（4）以一系列專門方法為手段。為了能正確反應和有效監督各單位的經濟活動，會計運用一系列科學的專門方法，對經濟過程進行連續、系統、全面的計量、記錄、分析和檢查。這些方法相互聯繫、相互配合、各有所用，構成一套完整的反應和監督經濟活動過程和結果的方法體系，這些方法體系是會計所特有的，是其他經濟管理活動所不具備的。

1.1.3.2 會計學分支

會計學是人們在長期的會計工作實踐中，經過不斷總結，逐漸形成的專門研究會計的理論與方法的一門經濟管理學科。會計學來源於實踐，又反過來指導實踐，並隨著經濟社會的發展而不斷發展、完善，形成了一個完整的會計學科體系。

會計學按照服務領域不同，可以分為服務於營利組織的企業會計和服務於政府和非營利組織的預算會計。按照服務對象不同，可分為財務會計（對外會計）和主要為單位內部經營管理需要提供信息服務的管理會計（對內會計）。按照教育課程知識體系的設置不同，可以分為基礎會計學（初級會計學）、財務會計學（中級會計學）、成本會計學、管理會計學、財務管理學、審計學、高級會計學等。

基礎會計學主要闡述會計的基本理論、基本方法和技能等基礎知識，主要研究會計的基本概念、會計核算方法及其運用。

財務會計學是在遵循會計基本原理的基礎上，著重闡述企業如何確認、計量、記錄和報告各會計要素的理論與方法。

成本會計學主要研究企業成本核算與管理的基本理論與方法，包括成本的計算、預測、計劃、分析、控制、決策等理論與方法。

管理會計學主要闡述如何利用會計信息和其他相關信息對企業進行經營管理，使企業進行最優決策，其基本理論與方法主要包括成本規劃與控制、利潤規劃與控制、資金規劃與控制等內容。

財務管理學主要闡述企業資金籌集與運用的理論與方法，包括資金籌集、投放、

營運、分配活動以及財務預測、控制與分析等內容。

審計學主要是對企業經濟活動的合法性、合規性、合理性以及效益性進行檢查監督的基本理論與方法，主要包括財務審計、經濟效益審計與內部審計等。

高級會計學主要闡述一些個性業務會計處理的理論與方法，主要包括特殊業務會計、特殊行業會計、特殊經營方式會計等。

會計學分支學科示意圖如圖1-2所示。

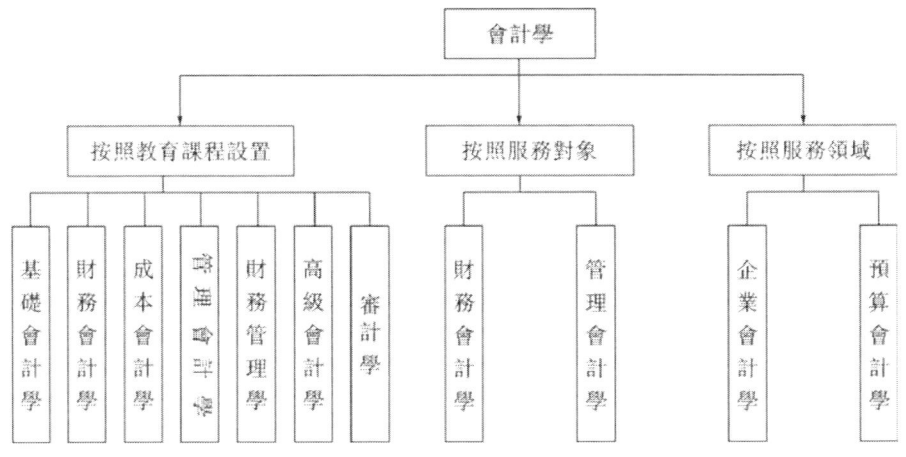

圖1-2 會計學分支學科

1.2 會計職能與會計目標

1.2.1 會計職能

會計職能是指會計在經濟管理工作中客觀上所具有的功能。會計的職能較多，但其基本職能只有兩個：會計核算和會計監督。

1.2.1.1 會計的核算職能

會計的核算職能是會計的首要職能，是會計工作的基礎。任何經濟實體在進行經濟活動的過程中，都要求會計能如實地記錄經濟過程，提供真實、正確、完整、系統的財務信息，這就要求會計能夠通過價值量對經濟活動進行確認、計量、記錄，並進行公正報告等工作，即會計的核算職能。其基本特點是：

(1) 從價值量上反應會計主體的經濟活動狀況。所有會計主體的經濟活動既是一個物質流、事務流過程，同時又是一個資金流、信息流過程。物質流、事務流過程本質上是從價值角度反應經濟活動；而資金流、信息流過程本質上是從價值量角度反應經濟活動。因此，會計的核算是以貨幣計量為主，以實物計量為輔。

（2）具有完整性、系統性、連續性。會計對經濟業務的核算必須是完整、系統、連續的，其完整性主要是指會計對所有的會計對象都要進行確認、計量、記錄、報告，不能有任何遺漏。其系統性是指要採用一整套的科學方法對會計數據進行加工處理，從而保證會計報告能夠真正揭示經濟活動的客觀規律性。其連續性是指會計對所有的會計對象的確認、計量、記錄、報告要連續進行，不能有任何中斷。

（3）全過程地反應會計主體的經濟活動。在社會主義市場經濟條件下，競爭已成為現代企業的一大特點，各單位所從事的經濟活動日趨複雜。因此，會計除了對已發生的經濟活動進行信息處理外，還必須對正在發生的、將要發生的經濟活動進行控制和預測。這就是我們常說的會計的事后核算、事中控制以及事前預測。

1.2.1.2 會計監督職能

監督是會計的又一基本職能。它是指會計通過運用一系列的現代方法（調查、預測、決策、控制、考核、分析等），以保證經濟活動不偏離事前規定範圍，達到預期目標的整個過程。會計監督具有以下三方面特點：

（1）進行事前監督。任何經濟活動都離不開會計，而經濟活動實質上是人類社會的一種有目的、有計劃的活動。因此，事前需要會計人員參與經濟活動的預測、計劃等，從價值量角度對經濟活動進行正確的預測和合理估計，備選多種方案以供決策者參考。

（2）進行事中監督。要對會計主體在計劃執行的全過程中進行有效監督。其主要內容是根據會計信息等，對經濟活動的合理、合法、有效性進行監察督促。合法性的依據是指國家頒布的法令、法規，如會計法、會計準則等。合理性及有效性的依據是客觀經濟規律和經營管理方面的要求等。在監督過程中，如發現實際與預期偏離規定範圍，應加以分析、限制、督促、協調等，以保證目標的實現。

（3）進行事后監督。每一項經濟活動或計劃完成以後，都應對其業績進行考核、評價。其考核評價的依據是，根據會計提供的業績信息資料和管理系統提供的計劃目標進行比較，根據事前確定的考核標準予以評價、判斷。在此基礎上，會計還應進一步分析超計劃、計劃沒完成的原因，以便為下一輪管理循環和會計循環提供可靠的參考信息。

會計的核算與監督職能是相輔相成的。只有在對經濟業務進行正確核算的基礎上，才能提供可靠的財務信息，作為會計監督的依據；同時，也只有搞好會計監督，才能保證經濟業務在既定的範圍內進行，達到預定目標，從而充分體現會計核算的作用。

1.2.2 會計目標

會計的目標或目的是指會計所要達到的最終結果。會計目標一直是會計理論界研究的熱點問題。在會計理論上，一般認為會計的目標是由不同層次、不同階段、不同等級、不同系列的目標所構成的一個目標體系。該目標體系由基本目標和具體目標所組成。會計基本目標是指在會計目標體系中起主導作用的目標，是會計運行的動力和行為準則，即提高經濟效益和社會效益。會計具體目標是指在其基本目標的制約下，

體現會計本質屬性的目標，即為會計信息使用者提供最有效的財務信息。

會計的具體目標是為會計信息使用者提供最有效的財務信息。這裡的「會計信息使用者」主要包括四個層面：第一層面是政府及相關機構，如財政、稅務、統計、證監部門等，用於宏觀調控等；第二層面是投資者，包括企業現有的持股者和那些有意願購買企業股票的潛在投資者，用於投資決策；第三層面是企業本身，主要是指企業管理當局及其相關人員，包括董事會成員、經理人員、企業內部相關職能部門的管理人員等，用於經營管理；第四層面是其他群體，包括仲介機構及其人員、企業的供應商、聯合者和客戶、企業職工、社會公眾等等，用於對本身利益的關心等。這裡強調「最有效的財務信息」而非全部財務信息。主要原因有：一是財務信息的使用者範圍很廣，因此，其需求就多而廣，而會計系統本身並不能提供如此多而廣的信息，即不能提供信息使用者所需的全部信息；二是提供信息也需要成本，也需考慮所得和所費，因此，財務信息的種類、數量、詳細程度就受到一定的限制，即不能提供全部有效信息。最有效的財務信息主要包括：①會計主體整體經濟資源信息；②會計主體經濟資源要求權的信息；③會計主體經濟資源要求權變動的信息。

西方會計學界關於會計目標的研究形成了兩個主要流派：受託責任學派和決策有用學派。目前中國會計理論界對於會計目標的探討，也主要局限於這兩個學派之爭。

受託責任學派認為，會計的目標就是以適當的方式有效地反應受託人的受託責任及其履行情況，向受託人報告經營活動及其成果，以經營業績為中心。其依據是資源所有者將資源的經營管理權授予受託人，通過相關的法律、合約、激勵機制來約束和鼓勵受託人的行為，受託人接受委託，對資源進行有效管理和經營並通過向資源提供者如實報告資源的受託情況來解除其受託責任。受託責任學派更強調信息的可靠性，在會計報表中更加強調損益表的作用和意義。

決策有用學派認為，會計的目標就是向會計信息的各類使用者提供有用的決策信息。其依據是由於所有權和經營權的分離，在資本市場介入的情況下，資源所有者對受託資源的有效管理關注程度降低，轉而更加關注被投資企業在資本市場上的風險和報酬。決策有用學派更強調會計信息的相關性，即要求信息具有預測價值、反饋價值和時效性。

中國新的《企業會計準則》對會計目標的表述採取了兩者結合的方式。2007年1月1日開始實施的《企業會計準則——基本準則》第一章第四條規定：「財務會計報告的目標是向財務會計報告使用者提供與企業財務狀況、經營成果和現金流量等有關的會計信息，反應其管理層受託責任履行情況，有助於財務會計報告使用者做出經濟決策。」

1.3　會計法規體系

會計法規體系是指由國家權力機關或其他機構制定的，用來規範會計核算實務、會計基礎工作、會計主體和相關會計人員職責，以便及時調整經濟活動中各種會計關

係的規範性文件的總和。會計法規是規範和指導各單位和人員會計行為的重要依據。

1.3.1 中國現行會計法規體系

隨著市場經濟的發展，中國逐步建立和完善了能適應市場經濟需要的會計法規體系。中國的會計法規體系是一個以《會計法》為核心，以國家統一的會計制度為主體的比較完整的法規系統。從縱向上來看，中國的企業會計法規體系包括會計法律、會計行政法規、國家統一的會計制度和地方性會計法規四個層次，其構成框架體系如圖1-3所示。從橫向來看，企業會計法規體系包括四個方面：①會計核算方面的法規，如《企業財務會計報告條例》《企業會計準則》《企業會計制度》及行業會計制度等；②會計監督方面的法規，如《會計監督管理辦法》《內部會計控制規範》等；③會計機構和會計人員方面的法規，如《總會計師條例》《會計專業職務試行條例》《會計證從業資格管理辦法》等；④會計工作管理方面的法規，如《會計檔案管理辦法》《企業會計信息化工作規範》等。

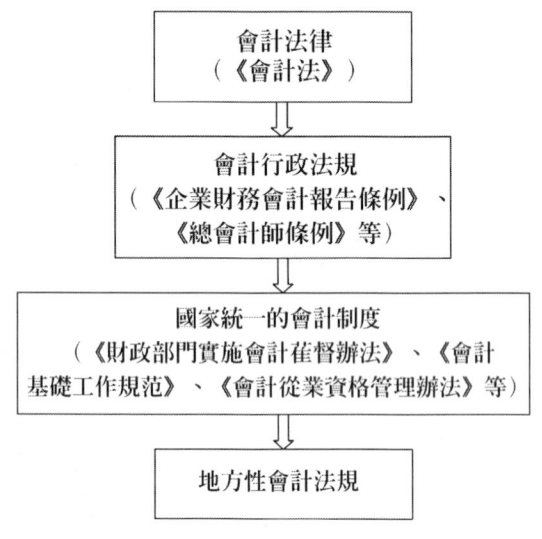

圖 1-3 中國會計法律法規體系

1.3.1.1 會計法律

會計法律在會計規範體系中居於最高層次，是全國人民代表大會及其常委會通過一定立法程序頒布施行的調整中國經濟生活中會計關係的總規範，主要是指《會計法》。《會計法》是中國會計工作的根本大法，也是從事會計工作、制定其他各種會計法規的依據。中國的《會計法》自1985年5月實施以後，為適應社會主義市場經濟的需要，於1993年12月進行了重新修訂，又於1999年10月再次修訂，並於2000年7月1日正式生效。它共分為七章五十二條，包括總則、會計核算、公司會計核算的特別規定、會計監督、會計機構和會計人員、法律責任、附則。

1.3.1.2　會計行政法規

會計行政法規是由國務院制定發布或者由國務院有關部門擬訂經國務院批准發布的調整經濟生活中某些方面會計關係的法律規範。它是《會計法》的具體化，是連接《會計法》和會計規章的橋樑。目前，對於中國來說，主要的會計行政法規有《企業會計準則》《企業財務會計報告條例》《總會計師條例》等。

1992年11月30日，財政部發布了中國第一個《企業會計準則》，並於1993年7月1日起實施，此準則在當時被定為基本會計準則。為了配合中國經濟的飛速發展和相關領域的法律條款的調整，滿足中國企業會計發展的自身需要，也基於中國的會計準則能與國際接軌的迫切要求，於2006年2月頒布了修訂后的《企業會計準則》，並於2007年1月1日起實施。

修訂后的《企業會計準則》分為兩個層次：第一層次為基本會計準則，它是就會計核算的一般要求和有關方面做出原則性的規定，為制定具體會計準則和會計制度提供基本框架，包括會計核算的一般原則和會計要素準則兩個方面的內容。會計核算的一般原則是就中國會計核算的基本要求做出規定，包括對會計核算工作的總體要求、會計信息質量要求等。會計要素主要對資產、負債、所有者權益、收入、費用、利潤的確認、計量、記錄、報告作出規定。

第二層次為具體會計準則，是根據基本會計準則的要求制定的，是確認、計量和報告某一會計主體的具體經濟業務對財務狀況和經營成果的影響時所應遵循的準則。截止到2014年年底，財政部已頒布41項具體會計準則。這41項具體會計準則基本涵蓋了各類企業的主要經濟業務。

具體會計準則可以分為一般業務準則、特殊行業的特殊業務準則和報告準則三類。其中，一般業務準則主要規範各類企業普遍適用的一般經濟業務的確認和計量要求，包括存貨、會計政策、會計估計變更和差錯更正、資產負債表日后事項、建造合同、所得稅、固定資產、租賃、收入、職工薪酬、股份支付、政府補助、外幣折算、借款費用、長期股權投資、企業年金基金、每股收益、無形資產、資產減值、或有事項、投資性房地產、企業合併等準則項目；特殊行業的特殊業務準則主要規範特殊行業的特殊業務的確認和計量要求，如石油天然氣開採、生物資產、金融工具確認和計量、金融資產轉移、套期保值、金融工具列報、原保險合同、再保險合同等準則項目；報告準則主要規範普遍適用於各類企業的報告類準則，如財務報表列報、現金流量表、合併財務報表、中期財務報告、分部報告、關聯方披露等準則項目。

1.3.1.3　國家統一的會計制度

國家統一的會計制度是指國務院財政部門根據《會計法》制定的關於會計核算、會計監督、會計機構和會計人員以及會計工作管理的制度，包括會計規章和會計規範性文件。會計規章是指根據《會計法》規定的程序，由財政部制定，並由部門首長簽署命令予以公布的制度和辦法，如2001年2月20日以財政部第10號令形式發布的《財政部門實施會計監督辦法》等。此辦法主要規定了財政部門實施會計監督檢查的內容、會計監督檢查的形式、財政部門在會計監督檢查中實施行政處罰的種類及其適用

性、行政處罰程序等。

會計規範性文件是指主管全國會計工作的行政部門即國務院財政部門制定並發布的各種核算制度及辦法。如國家財政部於 2000 年 12 月 29 日發布的統一適用於不同行業和不同經濟成分的《企業會計制度》，它適用於除不對外籌集資金、經營規模較小的企業和金融保險企業以外在中華人民共和國內設立的所有企業。經營規模較小的企業適用於《小企業會計準則》，金融保險企業適用於《金融企業會計制度》。財政部於 1996 年 6 月 17 日發布的《會計基礎工作規範》，適用於國家機關、社會團體、企業、事業單位、個體工商戶和其他組織的會計基礎工作。此外，還有《會計從業資格管理辦法》，以及財政部門與國家檔案局聯合發布的《會計檔案管理辦法》等。

1.3.1.4 地方性會計法規

地方性會計法規，是指省、自治區、直轄市人民代表大會及其常委會在與會計法律、會計行政法規不相抵觸的前提下制定的地方性會計法規。如《山東省會計管理條例》《廣東省會計從業資格管理實施辦法》《四川省會計從業資格管理實施辦法》等。

1.3.2　西方會計準則的產生與發展

會計準則也叫會計標準。它最早產生於 20 世紀 30 年代的美國，當今世界上最完善、最具權威性的會計準則也首推美國。會計準則產生的主要原因可歸納如下：

第一，股份公司的發展。隨著兩權的高度分離，需要會計提供真實可靠的會計信息，因此，必須對當時會計工作予以統一規範，以確保會計主體向信息使用者提供最有效的財務信息。

第二，20 世紀 30 年代的世界經濟危機是會計準則產生的直接原因之一。因為，當時的會計工作被認為是一門藝術，如何進行會計信息披露是會計工作人員自己的「藝術」，而會計工作人員本身卻受控於企業管理當局，從而使提供的會計信息具有較大的詐欺性，為經濟危機的產生起到了推波助瀾的作用，導致經濟危機的進一步加劇。危機過後，會計實務遭到了社會的批評和譴責，面對壓力，美國會計界開始了會計準則的研究。

第三，凱恩斯主義的奉行是會計準則產生的理論依據。危機過後，美國政府奉行了凱恩斯的經濟思想，實行國家干預，要求所有上市公司必須提供統一的會計信息，並負責制定統一的會計準則。

第四，會計職業團體組織的發展壯大。1886 年，美國成立了公共會計師協會（AAPA），1917 年，改為美國會計師協會（AIA），1968 年，改為美國註冊會計師協會（AICPA）；1896 年，通過了會計師法；1916 年，成立美國大學會計教師聯合會（APUIA），1935 年，改為美國會計學會（AAA）；1919 年，成立了全美成本會計師聯合會（NACA），后改為全美會計師聯合會（NAA）；1936 年，成立了證券交易委員會以及會計程序委員會（CAP）；1939 年 9 月，CAP 發布了第一號會計準則，即《會計研究報告》（ARB）。它標誌著會計準則的正式誕生。

會計準則的發展可分為以下四個階段：

第一階段，會計準則的創立階段。該階段是1939—1959年，也是會計程序委員會的存在期。在這二十年內，CAP共發布了51份會計研究報告。其內容涉及會計名詞、收益、成本、費用、權益、企業合併等。同時，美國會計學會也在進行會計準則的相關研究。這一時期會計準則的特點是：①描述性，即對流行會計慣例的總結和歸納；②不具有強制性和權威性；③會計程序和方法選擇性大；④研究報告缺乏前後一致的理論支持。

第二階段，會計準則的成長期。該階段是1959—1973年。美國會計師協會於1959年取消了會計程序委員會，成立了會計原則委員會（APB），專司會計準則，同時成立了會計研究部，加速會計準則的制定過程。在此期間，共發布了31份《會計原則委員會意見》、4份《會計原則委員會說明書》及15份會計研究報告。這一時期會計準則的特點是：①公認性加強；②會計準則建立在一定的理論基礎上；③權威性增強；④註重會計目標的研究。

第三階段，會計準則的成熟期。該階段是1973—1989年。1973年，為適應經濟形勢發展的需要，美國註冊會計師協會改組了會計原則委員會，成立了更具代表性的會計職業組織——財務會計準則委員會（FASB），負責會計準則的研究與制訂。它是一個民間組織，共設6個席位，分別代表會計理論界、職業界、管理會計師、投資者、公司經理、投資銀行等各方面。從1973年至今，該組織共發表了120多份《財務會計準則公告》和10份解釋及技術報告。1976年後，共發表了6份《財務會計概念說明書》，從而構造了現代會計理論的基本框架。1984年，又成立了政府會計準則委員會，專門負責制定政府部門和非營利組織的會計準則，這標誌著完整會計準則體系的產生。目前，國際會計準則委員會已發布了40多項國際會計準則。這一期間會計準則的特點是：①權威性和強制性增強；②制定方法上多採用演繹法，注重會計理論研究，以此指導會計準則，保持前後一致性；③內容豐富、穩定；④國際化趨勢開始。

第四階段，會計準則國際化。該階段是從1989年至今。伴隨全球經濟一體化，會計作為通用商業語言，也必須國際化。許多國家紛紛建立與國際會計慣例相一致的會計準則體系。中國也不例外，並於1997年加入國際會計準則委員會，並作為觀察員參加國際會計委員會理事會議。

會計準則是會計核算工作的基本規範，歸納起來，它具有以下性質：

（1）規範性。每個會計主體都有著不同的而且頻繁的經濟業務，而每個會計主體本身又有其特殊性。當有了會計準則後，會計在進行會計核算時，就有了一個可共同遵守的標準，各行業的會計核算工作就可在同一標準的基礎上進行。從而，會計行為得到了規範，會計提供的會計信息具有高度的一致性和可比性，滿足了會計信息使用者對會計信息質量的要求。

（2）權威性。各國會計準則的制定、發布、實施都是通過了一定的權威機構進行的。這些權威機構既可以是國家的立法或行政部門，也可以是由其授權的會計職業團體。

（3）公認性。會計準則能否有效地付諸實踐，除了上述兩條外，還必須具備公認性，即必須得到理論界和實務界的普遍認同。

（4）理論和實踐相結合。會計準則是指導會計實踐的理論依據，同時，又是會計理論和會計實踐相結合的產物。其內容一部分來自理論演繹，一部分來自於實踐歸納，還有一部分來自於國家關於會計工作的方針政策，這都要經過實踐的檢驗。總之，沒有會計理論的指導，會計準則就失去了科學性；沒有實踐的檢驗，會計準則就失去了針對性。

（5）整體性。會計準則是一個相互聯繫的整體。它由兩個層次（基本會計準則和具體會計準則）以及若干準則群構成。各項準則之間相互聯繫，構成一個有機的會計準則體系。

（6）發展性。會計準則是人類在一定的環境下對會計實踐的總結。它具有相對的穩定性，但隨著環境的發展變化，會計準則也需相應變化，進行相應的修改、充實和淘汰。

與西方國家相比，中國會計準則具有以下特殊性：①具有更大的強制性，中國的會計準則被納入會計法規體系；②具有更高的權威性，中國的會計準則是由財政部制定、國務院批准頒布；③具有普遍的公認性，中國在制定會計準則的過程中，廣泛地徵求和採納了理論界和實務界的意見和建議，充分吸收和借鑑了國際會計慣例中的優點。

目前，在制定會計準則時，各國的具體情況不同，其出發點就可能不一樣。歸納起來，主要有以下四種模式，即我們常說的會計模式：

第一，企業主導型。如荷蘭、瑞士、挪威等大部分北歐國家。這些國家較多地強調企業的權利，會計準則是從維護企業利益、服務於企業管理出發，在會計方法方面賦予企業很大的自由選擇餘地。

第二，私人投資主導型。如英國、美國等。這些國家較多地強調投資者權益，會計準則是從維護投資者利益、服務於投資者角度出發，為投資者提供決策依據。會計準則由授權的民間組織制定，政府不推卸責任。

第三，國家財政主導型或納稅主導型。如德國、日本、法國等。這些國家較多地強調會計信息應為國家財政或納稅服務。會計準則主要由政府制定或由立法部門做出具體規定。

第四，宏觀管理主導型。主要是指蘇聯及一些社會主義國家。這些國家較多地強調會計信息應為宏觀管理控制服務。會計準則由政府頒布，其特點是統一性、強制性、會計方法上的無選擇性等。

中國會計準則不同於上述國家單一的主導模式，具有雙重性質，即兼顧投資者與管理者。一方面，中國的會計準則強調保護投資者利益，會計信息應滿足信息使用者的需要；另一方面，中國的會計準則應為宏觀管理服務，會計信息應當滿足國家宏觀經濟管理的要求。

1.4　會計核算基本前提

組織會計核算工作之前，需要具備一定的前提條件。會計核算基本前提又稱會計基本假設，是企業會計確認、計量和報告的前提，是對會計核算所處的時間、空間環境等所作的合理的設定。會計對象的確定、會計政策和方法的選擇都要以會計核算的基本前提為依據。目前，會計理論界比較公認的會計基本假設有四個：會計主體、持續經營、會計分期和貨幣計量。

1.4.1　會計主體

會計主體是指會計為之服務的對象，或者說是對會計對象、會計工作的空間範圍所作的界定以及會計工作人員應採取的立場。會計主體假設對會計工作提出了以下基本要求：

（1）區分會計主體與法律主體（法人）

會計主體和人們通常所說的法律主體不是同一個概念，兩者是有區別的。作為法律主體，一般來說，應該是會計主體，但並不是所有會計主體都得是法律主體。如：個人獨資企業、分公司、合夥企業等，它們不具有法人資格，但是在會計核算上必須將其作為會計主體。

（2）區別會計主體與主體所有者

會計只限於對會計主體服務，即對會計主體所發生的經濟業務進行會計處理，而不對會計主體所有者所發生的經濟業務或經濟活動進行會計處理。這樣，有利於區分會計主體的經濟資源和主體所有者的經濟資源，以便各自享有相應的權利和承擔相應的義務。

（3）遵循會計主體假設處理會計主體之間的經濟業務

在錯綜複雜的市場經濟條件下，會計主體之間通常要發生頻繁的經濟往來，而一項經濟業務可以從兩個方面來考慮。至於從哪個方面來考慮，就應遵循會計主體假設，即從會計人員為之服務的會計主體方面去確認、計量、記錄、報告這些經濟業務事項，而不是從企業的投資者或所有者、其他企業或經濟主體方面來處理這些經濟業務事項。

1.4.2　持續經營

會計主體假設是對會計工作範圍在空間上的一種界定，而持續經營假設則是對會計工作範圍在時間上的一種界定。持續經營假設又稱之為繼續經營假設或經營連續性假設。它是指會計主體在可以預見的未來，正常地繼續它的經營管理活動，不會面臨清算和破產等。

企業是否持續經營，在會計原則、會計方法的選擇上有很大差別。一般情況下，明確這個基本假設，就意味著會計主體將按照既定用途使用資產，按照既定的合約條件清償債務，會計人員就可以在此基礎上選擇會計原則和會計方法。持續經營假設下，

對會計工作提出了以下幾點要求：

（1）會計主體經濟資源的計量應建立在正常條件下

會計主體經濟資源的計量，在不同的會計環境中其計量方法有所不同。如：資產的計價，在正常條件下，一般來說，按歷史成本計價；在破產清算條件下，按重置價格或清算價格計價。

（2）會計處理工作應按照公認的會計原則和會計制度連續地進行

在激烈的市場競爭中，一些企業關、停、並、轉屬於正常現象，也就是企業不能持續經營的可能性總是存在。所以，企業需要定期對其持續經營假設進行分析判斷。如果可以判斷企業不能持續經營，就應當改變會計核算的原則與方法。如上述在破產清算條件下，資產按照重置價格或清算價格計價。如果一個企業在不能持續經營時還假定企業能夠持續經營，並仍按持續經營基本假設選擇會計確認、計量和報告原則與方法，就不能客觀地反應企業的財務狀況、經營成果和現金流量，會誤導會計信息使用者的經濟決策。

1.4.3 會計分期

會計分期也叫會計期間，它是持續經營假設的延伸。會計分期是對會計主體持續經營時間人為劃分的時間片斷。會計主體的經營管理活動應該是連續不斷地進行，但是，為了滿足信息使用者的要求，定期地為信息使用者提供信息，就必須將連續不斷的經營管理活動人為地劃分為若干期間。這裡所說的定期，一般說來，通常為1年，又稱為會計年度。會計年度的起訖日期，世界上大多數國家都是採用公曆年制，中國也不例外，即公曆1月1日至12月31日。但是，也有一些國家為了遵循民族習慣，會與上述起訖時間不一致。如美國、伊朗、日本、泰國、新加坡、加拿大、孟加拉國、澳大利亞、埃及等。會計分期假設對會計工作提出了以下三方面要求：

（1）區別會計主體營業週期與會計期間

企業通常以一年作為劃分會計期間的標準，也可以以半年度、季度或月度劃分會計期間，又稱會計中期。營業週期是指在生產經營過程中，生產資金從投入到收回，完成一次週轉所間隔的時間期限。會計期間可能大於也可能小於、等於會計主體營業週期，這取決於會計主體的生產類型和生產規模。因此，會計主體財務報告揭示的不一定是會計主體在一個營業週期內的經營業績。

（2）定期出具財務會計報告

會計除了在年度終了要及時出具財務會計報告外，還應該及時按月度、季度、半年度出具財務會計報告，也稱為月報、季報、半年報。企業年度結帳日為公曆年度每年的12月31日；半年度、季度、月度結帳日分別為公曆年度每半年、每季、每月的最後一天。企業結帳日不得提前或者延遲。年度、半年度財務會計報告應當包括：會計報表、會計報表附註、財務情況說明書三大部分；季度、月度財務會計報告通常僅指會計報表，會計報表至少應當包括資產負債表和利潤表。上述規定，雖然對於手工會計來說，增加了不少的會計工作量，但是，對於電算化會計，就顯得易如反掌。

（3）處理好各會計期間之間的經營業績與經營責任

一般說來，會計期間的長短對會計主體當期損益將產生一定的影響。會計期間愈短，反應會計主體經營成果的信息就愈不可靠。但是，會計期間也不可能太長，否則，不能滿足信息使用者的要求。因此，在進行會計工作時，要按照公認的會計原則和政策法規，採用規定的程序和方法，處理好相鄰會計期間（包括小的會計期間）的經營業績和經營責任。

1.4.4 貨幣計量

貨幣計量是指會計主體在會計核算過程中採用貨幣為會計要素的計量單位，計量、記錄、報告會計主體的財務狀況、經營成果和現金流量。用貨幣反應會計主體經濟業務，是會計核算的基本特徵，也是會計核算的又一個基本假設條件。貨幣作為會計計量的統一尺度，是市場經濟的基本要求，是實現會計核算職能的根本條件之一。貨幣計量假設對會計工作提出了以下要求：

（1）幣值穩定

幣值穩定，即假定用作計量單位的貨幣購買能力是穩定不變的。雖然，在現實生活中，貨幣的購買能力會隨著經濟的通貨膨脹或緊縮發生變化，但是，如果沒有這個假設就無法產生可靠的、穩定的、具有可比性的會計計量、記錄和報告等。幣值穩定並不是否認貨幣堅挺或疲軟的客觀存在，從長期來看，貨幣堅挺和疲軟相抵后，其值基本上能夠反應實際情況，由此而產生的財務信息失真度不會太大，能夠為信息使用者所接受。

（2）確定記帳本位幣

在一國發生的經濟業務、難免涉及多國貨幣，因此，在會計工作中，必須對入帳的計量貨幣做統一規定。如中國是以人民幣作為記帳本位幣，業務收支以外幣為主的企業和境外企業，也可設定某種外幣作為記帳本位幣，但在編製財務報表時應折算為人民幣予以反應。

總之，會計主體的經濟業務能夠用貨幣進行計量，則可以進行會計反應；否則，就不能進行會計反應。

上述會計核算的四項基本前提，具有相互依存、相互補充的關係。會計主體確立了會計核算的空間範圍，持續經營與會計分期確立了會計核算的時間長度，而貨幣計量則為會計核算提供了必要手段。沒有會計主體，就不會有持續經營，沒有持續經營，就不會有會計分期；沒有貨幣計量，就不會有現代會計。

1.5 會計信息質量要求

會計信息的質量要求是會計理論研究的重要課題，是對會計信息應具有的質量標準所作的具體描述或要求，是對會計信息質量進行評判的最基本的依據。根據中國財政部 2006 年 2 月新頒布的《企業會計準則——基本準則》的規定，會計信息質量要求

包括可靠性、相關性、可理解性、可比性、實質重於形式、重要性、謹慎性和及時性八項。

1.5.1 可靠性

可靠性是指企業應當以實際發生的交易或者事項為依據進行確認、計量和報告，如實反應符合確認和計量要求的各項會計要素及其他相關信息，保證會計信息真實可靠、內容完整。為了貫徹可靠性要求，對企業的會計提出以下要求：

（1）企業應當以實際發生的交易或事項為依據，如實地反應企業經濟活動

企業應當以實際發生的交易或者事項為依據進行確認、計量，將符合會計要素定義及其確認條件的資產、負債、所有者權益、收入、費用和利潤等如實反應在財務報表中，不得根據虛構的、沒有發生的或者尚未發生的交易或者事項進行確認、計量和報告。如果企業的會計核算不是以實際發生的交易或事項為依據，不能如實地反應企業的經濟活動，無法滿足會計信息使用者對企業真實情況瞭解的需要，甚至誤導會計信息使用者，導致其決策失誤，那麼，會計工作本身也就失去了存在的意義。

（2）保證會計信息的完整性

企業應當在符合重要性和成本效益原則的前提下，保證會計信息的完整性，其中編報的報表及其附註內容等應當保持完整，不能隨意遺漏或者減少應予披露的信息，與使用者決策相關的有用信息都應當充分披露。

（3）企業包括在財務報告中的會計信息應當是中立無偏的

如果企業在財務報告中為了達到事先設定的結果或效果，通過選擇或列示有關會計信息以影響決策和判斷的，這樣的財務報告信息就不是中立的。

1.5.2 相關性

相關性是指企業提供的會計信息應當能夠反應企業財務狀況、經營成果和現金流量，應當與財務報告使用者的經濟決策需要相關，有助於財務報告使用者對企業過去、現在或者未來的情況做出評價或者預測。

會計信息是否有用，是否具有價值，關鍵是看其與使用者的決策需要是否相關，是否有助於決策或者提高決策水平。相關的會計信息應當能夠有助於使用者評價企業過去的決策，證實或者修正過去的有關預測；相關的會計信息還應當有助於使用者根據財務報告所提供的會計信息預測企業未來的財務狀況、經營成果和現金流量。會計信息質量的相關性要求，要求企業在確認、計量和報告會計信息的過程中，充分考慮使用者的決策模式和信息需要。

1.5.3 可理解性

可理解性是指企業提供的會計信息應當清晰明瞭，便於投資者等財務報告使用者理解和使用。

企業編製財務報告、提供會計信息的目的在於使用，而要使使用者有效使用會計信息，應當能讓其瞭解會計信息的內涵，弄懂會計信息的內容，這就要求財務報告所

提供的會計信息應當清晰明瞭，易於理解。只有這樣，才能提高會計信息的有用性、實現財務報告的目標，滿足向投資者等財務報告使用者提供決策有用信息的要求。

會計信息畢竟是一種專業性較強的信息產品，在強調會計信息的可理解性要求的同時，還應假定使用者具有一定的有關企業經營活動和會計方面的知識，並且願意付出努力去研究這些信息。對於某些複雜的信息，如交易本身較為複雜或者會計處理較為複雜，但其對使用者的經濟決策相關的，企業就應當在財務報告中予以充分披露。

1.5.4 可比性

可比性是指企業提供的會計信息應當相互可比。可比性要求包括兩層面的含義，一個是橫向可比，一個是縱向可比。

從橫向上來看，要求不同企業相同會計期間可比。不同的企業可能處於不同的地區、不同的行業，但是為了便於財務報告使用者更好地比較不同企業在相同時期的財務狀況、經營成果和現金流量的變化趨勢，做出正確的決策，會計信息質量的可比性要求不同企業同一會計期間發生的相同或者相似的交易或者事項，應當採用規定的會計政策，確保會計信息口徑一致、相互可比，以使不同企業按照一致的確認、計量和報告要求提供有關會計信息。

從縱向上來看，要求同一企業不同時期可比。為了便於財務報告使用者瞭解企業財務狀況、經營成果和現金流量的變化趨勢，比較企業在不同時期的財務報告信息，全面、客觀地評價過去、預測未來，從而做出決策。會計信息質量的可比性要求同一企業不同時期發生的相同或者相似的交易或者事項，應當採用一致的會計政策，不得隨意變更。但是，滿足會計信息可比性要求，並非表明企業不得變更會計政策，如果按照規定或者在會計政策變更後可以提供更可靠、更相關的會計信息，可以變更會計政策。有關會計政策變更的情況，應當在附註中予以說明。

1.5.5 實質重於形式

實質重於形式是指企業應當按照交易或者事項的經濟實質進行會計確認、計量和報告，不僅僅以交易或者事項的法律形式為依據。

企業發生的交易或事項在多數情況下，其經濟實質和法律形式是一致的。但在實際工作中，交易或者事項的法律形式並不總能真實地反應其實質內容。因此，在會計核算的過程中，當遇到一些經濟實質與法律形式不吻合的交易或事項時，必須根據交易或事項的實質和經濟現實來確認、計量和報告，而不能僅僅依據它們的法律形式。如果企業僅僅以交易或事項的法律形式為依據進行會計確認、計量和報告，那麼就容易導致會計信息失真，誤導會計信息使用者的決策。

如以融資租賃方式租入的資產，雖然從法律形式來講企業並不擁有其所有權，但是由於租賃合同中規定的租賃期相當長，接近於該資產的使用壽命；租賃期結束時承租企業有優先購買該資產的選擇權；在租賃期內承租企業有權支配資產並從中受益等。因此，從其經濟實質來看，企業能夠控制融資租入資產所創造的未來經濟利益，在會計確認、計量和報告上就應當將以融資租賃方式租入的資產視為企業的資產，列入企

業的資產負債表。

1.5.6 重要性

重要性是指企業提供的會計信息應當反應與企業財務狀況、經營成果和現金流量有關的所有重要交易或者事項。

在實務中，如果會計信息的省略或者錯報會影響投資者等財務報告使用者據此做出決策的，該信息就具有重要性。重要性的應用需要依賴職業判斷，企業應當根據其所處環境和實際情況，從項目的性質和金額大小兩方面加以判斷。從性質方面講，只要該會計事項發生就可能對決策有重大影響時，即屬於具有重要性的事項。從數量方面講，當某一項目的數量達到一定規模時，一般就認為其具有重要性。判斷某一會計事項重要與否，更重要的是應當考慮項目的性質。

會計信息質量的重要性要求企業在會計核算過程中，應該區別交易或事項的重要程度，進而採用不同的核算方法。對資產、負債、損益等有較大影響，並進而影響財務會計報告使用者據以做出合理判斷的重要會計事項，必須按照規定的會計方法和程序進行處理，並在財務會計報告中予以充分、準確地披露；對於次要的會計事項，在不影響會計信息真實性和不致誤導財務會計報告使用者做出正確判斷的前提下，可以適當簡化處理、合併反應。

1.5.7 謹慎性

謹慎性是指企業對交易或者事項進行會計確認、計量和報告應當保持應有的謹慎，不應高估資產或者收益、低估負債或者費用。

在市場經濟環境下，企業的生產經營活動面臨著許多風險和不確定性，如應收款項可能無法收回，固定資產與無形資產的使用壽命可能無法確定，售出的存貨可能發生退貨或者返修等，謹慎性原則就是針對這些不確定因素而提出的。會計信息質量的謹慎性要求企業在面臨不確定性因素的情況下做出職業判斷時，應當保持應有的謹慎，充分估計到各種風險和損失，既不高估資產或者收益，也不低估負債或者費用。例如，要求企業對可能發生的資產減值損失計提資產減值準備、對售出商品可能發生的保修義務等確認預計負債等，就體現了會計信息質量的謹慎性要求。

會計核算中貫徹謹慎性原則，並不意味著企業可以濫用謹慎性原則。謹慎性的應用不允許企業設置秘密準備，如果企業故意低估資產或者收益，或者故意高估負債或者費用，歪曲其實際的財務狀況和經營成果，將會影響會計信息的可靠性，損害會計信息質量，對使用者的決策產生誤導，這是會計準則所不允許的。

1.5.8 及時性

及時性是指企業對於已經發生的交易或者事項，應當及時進行確認、計量和報告，不得提前或者延後。

會計信息的價值在於幫助所有者或者其他方面做出經濟決策，因此具有時效性。即使是可靠、相關的會計信息，如果不及時提供，錯過了其時效期，對於會計信息使

用者也是毫無意義的。特別是在市場經濟條件下，市場瞬息萬變，企業競爭日趨激烈，對會計信息的及時性要求也越來越高，強調會計信息及時性更加具有現實意義。在會計確認、計量和報告過程中貫徹及時性，一是要求及時收集會計信息，即在經濟交易或者事項發生後，及時收集整理各種原始單據或者憑證；二是要求及時處理會計信息，即按照會計準則的規定，及時對經濟交易或者事項進行確認或者計量，並編製出財務報告；三是要求及時傳遞會計信息，即按照國家規定的有關時限，及時地將編製的財務報告傳遞給財務報告使用者，便於其及時使用和決策。

1.6 會計對象

1.6.1 會計對象

會計的對象是指會計所核算和監督的內容。關於會計的對象，目前有不同的表述方法，比較流行的說法是「會計的一般對象是社會再生產過程中的資金運動」。社會生產過程是由生產、交換、分配和消費四個相互聯繫的基本環節所構成，包括各種各樣的經濟活動。這些經濟活動是由各個企業、行政事業等單位在市場經濟作用下，自然分工協同進行的。會計的首要特點是以貨幣為主要計量單位，核算和監督各單位的經濟活動。由此可見，會計的一般對象是社會再生產過程中的資金活動。企事業單位的會計對象就是每一個獨立核算單位的資金運動。

會計要素是對會計核算對象的內容按其經濟特徵所作的科學分類，是會計核算對象的具體化。中國《企業會計準則——基本準則》規定，會計要素主要包括企業經濟活動中的資產、負債、所有者權益、收入、費用和利潤六個要素。按照相對論觀點，可以將這六個要素分為靜態會計要素與動態會計要素兩類。靜態會計要素是指資金相對靜止狀態下的表現形式，其反應會計主體在特定時點下的財務狀況，包括資產、負債、所有者權益三個要素；動態會計要素是資金運動的動態表現，其反應會計主體在某一個會計期間的經營成果，包括收入、費用、利潤三個要素。

1.6.1.1 靜態會計要素

1.6.1.1.1 資產

資產是指企業過去的交易或者事項形成的，由企業擁有或者控制的，預期會給企業帶來經濟利益的資源。根據定義，資產具有以下幾個方面的特徵：

（1）資產是由企業過去的交易或者事項形成的。過去的交易或者事項包括購買、生產、建造行為或者其他交易或事項。只有過去的交易或者事項才能產生資產，企業預期在未來發生的交易或者事項不形成資產。如企業有購買某存貨的意願或者計劃，但是購買行為尚未發生，就不符合資產的定義，不能因此而確認存貨資產。

（2）資產應為企業擁有或者控制的資源。擁有是指企業享有某項資源的所有權；控制是指企業雖然不享有某項資源的所有權，但該資源能被企業所控制。如企業融資租入的固定資產，儘管企業並不擁有其所有權，但是如果租賃合同規定的租賃期相當

長，接近於該資產的使用壽命，企業控制了該資產的使用及其所能帶來的經濟利益的，應當將其作為企業資產予以確認、計量和報告。

(3) 資產預期會給企業帶來經濟利益。這是資產的重要特徵，是指資產直接或者間接導致現金和現金等價物流入企業的潛力。例如，企業採購的原材料、購置的固定資產等可以用於生產經營過程，製造商品或者提供勞務，對外出售後收回貨款，貨款即為企業所獲得的經濟利益。如果某一項目預期不能給企業帶來經濟利益，那麼就不能將其確認為企業的資產。

將一項資源確認為資產，除了應當符合資產的定義外，還需要滿足以下兩個條件：
(1) 與該資源有關的經濟利益很可能流入企業；
(2) 該資源的成本或價值能夠可靠地計量。

只有符合資產的定義並同時滿足資產確認的兩個條件才能確認為一項資產。

企業的資產可以是有形的，也可以是無形的；可以是貨幣的，也可以是非貨幣的等等。資產可以按照多種標誌進行分類。按照是否具有實物形態，劃分為有形資產和無形資產。有形資產是指具有實物形態的資產，如存貨、固定資產等；無形資產是指沒有實物形態的資產，如專利權、商標權、著作權、特殊權等。

按照計價方式，可以劃分為貨幣性資產與非貨幣性資產。貨幣性資產是持有的現金及將以固定或可確定的貨幣金額收取的資產，如現金、銀行存款、應收帳款、應收票據等；非貨幣性資產是指以實物形態或非貨幣形式存在的資產，如存貨、固定資產、無形資產等。也可以按其流動性，將其劃分為流動資產與非流動資產。

(1) 流動資產

流動資產是指企業可以在一年內或者超過一年的一個營業週期內變現或者運用的資產，是企業資產中必不可少的組成部分，如庫存現金、銀行存款、交易性金融資產、應收票據、應收帳款、預付帳款和存貨等。

①庫存現金或銀行存款

庫存現金是流動性最強的一種貨幣性資產，可以隨時用其購買所需的物資，支付有關費用，償還債務，也可以隨時存入銀行。庫存現金，包括人民幣現金和外幣現金。銀行存款就是企業存放在銀行或其他金融機構的貨幣資金。

②交易性金融資產

交易性金融資產是指企業打算在近期內出售的金融資產，主要包括債券投資、股票投資、基金投資、權證投資等。滿足下列條件之一才可以確認為交易性金融資產：第一，取得該金融資產的目的主要是為了近期內出售；第二，屬於進行集中管理的可辨認金融工具組合的一部分，且有客觀證據表明企業近期採用短期獲利方式對該組合進行管理；第三，屬於衍生工具，衍生工具主要包括遠期合同、期貨合同、互換和期權，以及具有遠期合同、期貨合同、互換和期權中一種或者一種以上特徵的工具。

③應收票據

應收票據是指企業因銷售商品、提供勞務等而持有的尚未到期的商業匯票，商業匯票是一種載有一定付款日期、付款地點、付款金額和付款人的無條件支付的流通證券，包括銀行承兌匯票與商業承兌匯票。

④應收帳款及預付帳款

應收帳款是指企業因銷售商品或提供勞務等，應向客戶收取的款項，包括銷售貨物或提供勞務的價款、增值稅款以及代購貨方墊付的運雜費等。

預付帳款是指企業按照購貨合同規定預付給供應單位的款項。

各種應收及預付帳款應當及時清算、催收，定期與對方對帳核實。經確認無法收回的應收帳款，已提壞帳準備金的，應當衝銷壞帳準備金；未提壞帳準備金的，應當作為壞帳損失，計入當期損益。

⑤應收利息與應收股利

應收利息是指企業因債權投資而應收取的一年內到期收回的利息，它主要包括如下情況：一是企業購入的是分期付息到期還本的債券，在會計結算日，企業按規定所計提的應收利息；二是企業購入債券時實際支付款項中所包含的已到期而尚未領取的債券利息。

應收股利是指企業因股權投資而應收取的現金股利以及應收其他單位的利潤，包括企業購入股票實際支付的款項中所包括的已宣告發放但尚未領取的現金股利和企業因對外投資應分得的現金股利或利潤等，但不包括應收的股票股利。

⑥存貨

存貨，指企業在正常生產經營過程中持有以備出售的產成品或商品，或者為了出售仍然處在生產過程中的在產品，或者將在生產過程或提供勞務過程中耗用的材料、物料等，包括庫存商品、產成品、在產品及自製半成品、原材料、輔助材料、包裝物、低值易耗品等。

(2) 非流動資產

非流動資產也稱長期資產，是指變現週期在一年以上或者超過一年的一個營業週期以上的各種資產，如持有至到期投資、長期應收款、長期股權投資、固定資產、無形資產和其他資產等。

①持有至到期投資

持有至到期投資，是指到期日固定、回收金額固定或可確定，且企業有明確意圖和能力持有至到期的非衍生金融資產。通常情況下，能夠劃分為持有至到期投資的金融資產，主要是債權性投資，比如從二級市場上購入的固定利率國債、浮動利率金融債券等。股權投資沒有固定的到期日，因而不能劃分為持有至到期投資。持有至到期投資通常具有長期性質，但期限較短（一年以內）的債券投資，符合持有至到期投資條件的，也可將其劃分為持有至到期投資。

②長期應收款

長期應收款是指企業融資租賃產生的應收款項和遞延方式分期收款、實質上具有融資性質的銷售商品和提供勞務等經營活動產生的應收款項。

③長期股權投資

長期股權投資是指企業不準備在一年以內變現的各種股權性投資的可收回金額，包括：第一，投資企業能夠對被投資單位實施控制的權益性投資，即對子公司投資；第二，投資企業與其他合營方一同對被投資單位實施共同控制的權益性投資，即對合營企業投資；第三，投資企業對被投資單位具有重大影響的權益性投資即對聯營企

投資；第四，投資企業持有的對被投資單位不具有共同控制或重大影響，並且在活躍市場中沒有報價、公允價值不能可靠計量的權益性投資。

④固定資產

固定資產是指同時具有下列特徵的有形資產：第一，為生產商品、提供勞務、出租或經營管理而持有的；第二，使用壽命超過一個會計年度的，如房屋、建築物、機器、機械、運輸工具以及其他與生產經營有關的設備、器具和工具等。

⑤無形資產

無形資產是指企業擁有或控制的沒有實物形態的可辨認非貨幣性資產，主要包括專利權、非專利技術、商標權、著作權、特許權、土地使用權等。

其他資產是指除了上述以外的長期資產，如長期待攤費用、在建工程等。

資產按其流動性的要素構成如表1-1所示。

表1-1　　　　　　　　　　　資產要素構成

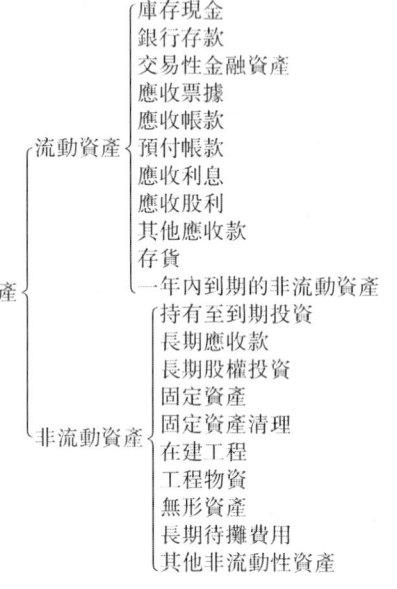

1.6.1.1.2　負債

負債是指企業過去的交易或者事項形成的，預期會導致經濟利益流出企業的現時義務。根據負債的定義，負債具有以下幾個方面的特徵：

（1）負債是企業承擔的現時義務。現時義務是指企業在現行條件下已承擔的義務，可以是法定義務，也可以是推定義務。未來發生的交易或者事項形成的義務，不屬於現時義務，不應當確認為負債。

（2）負債預期會導致經濟利益流出企業。在履行現時義務清償負債時，導致經濟利益流出企業的形式多種多樣，如可以用現金償還，可以以實物資產形式償還，也可以以提供勞務形式償還等等。

（3）負債是由企業過去的交易或者事項形成的。只有過去的交易或者事項才形成

負債，企業將在未來發生的承諾、簽訂的合同等交易或者事項，不形成負債。

將一項現時義務確認為負債，除了需要符合負債的定義外，還需要同時滿足以下兩個條件：①與該義務有關的經濟利益很可能流出企業；②未來流出的經濟利益的金額能夠可靠地計量。

企業的負債按其流動性分為流動負債和非流動負債。

(1) 流動負債

流動負債是指將在一年或超過一年的一個營業週期內償還的債務，包括短期借款、交易性金融負債、應付票據、應付帳款、預收帳款、應付職工薪酬、應交稅費、應付利息、應付股利、其他應付款等。

①短期借款

短期借款是指企業向銀行或其他金融機構等借入的期限在一年以下（含一年）的各種借款。

②應付票據、應付帳款及預收帳款

應付票據是指企業因購買材料、接受勞務等在指定日期無條件支付特定的金額給收款人或者持票人的商業匯票。應付票據按是否帶息分為帶息應付票據和不帶息應付票據兩種。

應付帳款指因購買材料、商品或接受勞務供應等而發生的債務。這是買賣雙方在購銷活動中由於取得物資與支付貨款在時間上不一致而產生的負債。

預收帳款是買賣雙方協議商定，由購貨方預先支付一部分貨款給供應方而發生的一項負債。

③應付職工薪酬

應付職工薪酬是指企業為獲得職工提供的服務而應付給職工的各種形式的報酬，包括計入職工薪酬的各種工資、津貼、補貼、獎金和職工福利費等。職工薪酬包括職工在職期間和離職後提供給職工的全部貨幣性和非貨幣性福利。企業提供給職工配偶、子女或是其他被贍養人的福利等也屬於職工薪酬。

④應交稅費

應交稅費是指企業在一定時期內取得的營業收入和實現的利潤，按照稅法規定要向國家計算交納各種稅金，包括增值稅、消費稅、所得稅、資源稅、土地增值稅、城市建設維護稅、教育費附加、房產稅、土地使用稅、車船稅等。

⑤應付利息與應付股利

應付利息是指企業按照合同約定應支付的利息，包括吸收存款、分期付息到期還本的長期借款、企業債券等應支付的利息。

應付股利是指企業經股東大會或類似機構審議批准分配的現金股利或利潤。企業股東大會或類似機構審議批准的利潤分配方案，宣告分派的現金股利或利潤，在實際支付前形成企業的負債。

⑥其他應付款

其他應付款是指企業除應付票據、應付帳款、預收帳款、應付職工薪酬、應付利息、應付股利、應交稅費、長期應付款等以外的其他各項應付、暫收的款項。

(2) 非流動負債

非流動負債又稱長期負債，是指償還期在一年或超過一年的一個營業週期以上的負債，包括長期借款、應付債券、長期應付款等。

①長期借款

長期借款是指企業從銀行或其他金融機構借入的期限在一年以上（不含一年）的借款。

②應付債券

應付債券是指企業為籌集長期資金而實際發行的債券及應付的利息，它是企業籌集長期資金的一種重要方式。企業發行債券的價格受同期銀行存款利率的影響較大，一般情況下，企業可以按面值發行、溢價發行和折價發行債券。但中國不允許折價發行。

③長期應付款

長期應付款，是指企業除長期借款和應付債券以外的其他各種長期應付款項，包括應付融資租入固定資產的租賃費、以分期付款方式購入固定資產發生的應付款項等。

負債按其流動性的要素構成如表1-2所示。

表1-2　　　　　　　　　　　　負債要素構成

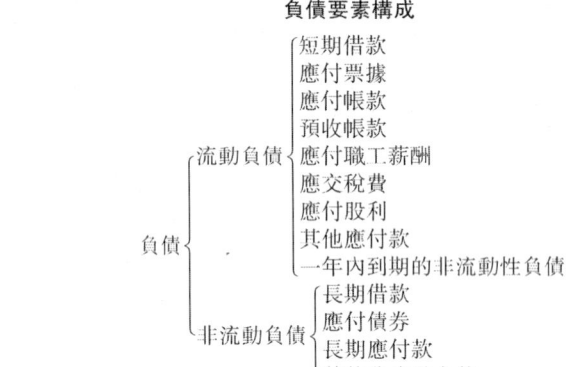

1.6.1.1.3　所有者權益

所有者權益是指企業資產扣除負債後，由所有者享有的剩餘權益。公司的所有者權益又稱為股東權益。所有者權益是所有者對企業資產的剩餘索取權，它是企業資產中扣除債權人權益後應由所有者享有的部分，既可反應所有者投入資本的保值增值情況，又體現了保護債權人權益的理念。

所有者權益的來源包括所有者投入的資本、直接計入所有者權益的利得和損失、留存收益等，通常由實收資本（或股本）、資本公積（含股本溢價或資本溢價、其他資本公積）、盈餘公積和未分配利潤構成。實收資本與所有者投資有直接關係；資本公積的來源比較複雜，包括企業收到的投資者出資額超出其在註冊資本或股本中所占份額的部分，以及直接計入所有者權益的利得和損失；盈餘公積和未分配利潤來自企業稅後利潤，也稱為留存收益。

(1) 實收資本（或者股本）

實收資本（或者股本）是指投資者按照企業章程，或合同、協議的約定，實際投入企業的資本。實收資本（或者股本）應當按實際投資數額入帳。股份制企業發行股票，應當按股票面值作為股本入帳。

(2) 資本公積

資本公積是指企業收到投資者出資超過其在註冊資本或者股本中所佔有的份額的資本或資產，以及直接計入所有者權益的利得和損失等，主要包括資本溢價、資產評估增值和資本折算差額。

(3) 盈余公積

盈余公積金是指按照國家有關規定從利潤中提取的公積金，包括法定盈余公積金、任意盈余公積金。盈余公積可以用於彌補虧損和轉增資本（或股本）。

(4) 未分配利潤

未分配利潤是企業留於以后年度分配的利潤或待分配利潤，是本年度的稅后利潤經過提取公積金、分配利潤或股利后剩余的利潤。

所有者權益構成示意圖如表 1-3 所示。

表 1-3　　　　　　　　　　所有者權益要素構成

所有者權益 { 實收資本（股本）　資本公積　盈余公積　未分配利潤

上述資產、負債、所有者權益三要素中，資產是企業所擁有的經濟資源，負債和所有者權益分別是企業債權人、企業投資者對企業財產的要求權，他們之間在數量上存在著下列等式關係，亦即我們常說的會計恒等式：

$$資產 = 權益$$

或：

$$資產 = 負債 + 所有者權益$$

1.6.1.2　動態會計要素

1.6.1.2.1　收入

收入是指企業在日常活動中形成的、會導致所有者權益增加的、與所有者投入資本無關的經濟利益的總流入。根據收入的定義，收入具有以下幾方面的特徵：

(1) 收入是企業在日常活動中形成的，而不是從偶發的交易或事項中產生的。日常活動是指企業為完成其經營目標所從事的經常性活動以及與之相關的活動。如企業的收入通常是通過銷售商品、提供勞務等日常活動中取得的，而不是從處置固定資產等非日常活動中取得的。

(2) 收入會導致經濟利益的流入，但該流入不包括所有者投入的資本。收入應當會導致經濟利益的流入，從而導致資產的增加。但是在實務中，經濟利益的流入可能是由於企業銷售商品或提供勞務所產生的，也可能是所有者投入資本的增加所導致的，

所有者投入資本的增加不應當確認為收入，應當將其直接確認為所有者權益。

（3）收入會導致所有者權益的增加。與收入相關的經濟利益的流入應當會導致所有者權益的增加，不會導致所有者權益增加的經濟利益的流入不符合收入的定義，不應確認為收入。例如，企業向銀行借入款項，儘管也導致了企業經濟利益的流入，但該流入並不導致所有者權益的增加，反而使企業承擔了一項現時義務。企業對於因借入款項所導致的經濟利益的增加，不應將其確認為收入，應當確認為負債。

收入的確認不僅要符合收入的定義，還需要同時滿足一定的條件。企業收入的來源渠道多種多樣，不同收入來源的特徵有所不同，其收入確認條件也往往存在差別，但收入的確認至少應當符合以下條件：①與收入相關的經濟利益很可能流入企業；②經濟利益流入企業的結果會導致企業資產的增加或者負債的減少；③經濟利益的流入額能夠可靠地計量。

收入可以有不同的分類。按照企業從事日常活動的性質，可將收入分為銷售商品收入、提供勞務收入、讓渡資產使用權收入等。其中，銷售商品收入是指企業通過銷售商品實現的收入，如工業企業製造並銷售產品、商業企業銷售商品等實現的收入。提供勞務收入是指企業通過提供勞務實現的收入，如諮詢公司提供諮詢服務、軟件開發企業為客戶開發軟件、安裝公司提供安裝服務等實現的收入。讓渡資產使用權收入是指企業讓渡資產使用權實現的收入，如商業銀行對外貸款、租賃公司出租資產等實現的收入。

按照企業從事日常活動在企業中的重要性，可將收入分為主營業務收入、其他業務收入等。其中，主營業務收入是指企業為完成其經營目標從事的與經常性活動實現的收入，如工業企業製造並銷售產品、商業企業銷售商品、諮詢公司提供諮詢服務、安裝公司提供安裝服務等。其他業務收入是指與企業為完成其經營目標所從事的與經常性活動相關的活動實現的收入。

收入要素構成如表1-4所示。

表1-4　　　　　　　　　　收入要素構成

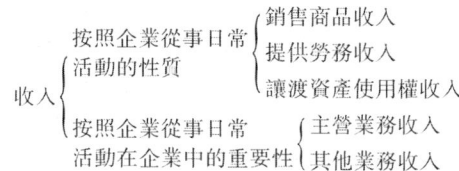

1.6.1.2.2　費用

費用是指企業在日常活動中發生的，會導致所有者權益減少的，與向所有者分配利潤無關的經濟利益的總流出。根據費用的定義，費用具有以下幾方面的特徵：

（1）費用是企業在日常活動中形成的。這裡的「日常活動」與收入定義中涉及的「日常活動」的界定相一致。因日常活動所產生的費用通常包括營業成本、職工薪酬、折舊費、無形資產攤銷費等。

（2）費用是與向所有者分配利潤無關的經濟利益的總流出。費用的發生應當會導致經濟利益的流出，從而導致資產的減少或者負債的增加（最終也會導致資產的減少）。其

表現形式包括現金或者現金等價物的流出，存貨、固定資產和無形資產等的流出或者消耗等。鑒於企業向所有者分配利潤也會導致經濟利益的流出，而該經濟利益的流出顯然屬於所有者權益的抵減項目，不應確認為費用，應當將其排除在費用的定義之外。

（3）費用會導致所有者權益的減少。與費用相關的經濟利益的流出應當會導致所有者權益的減少，不會導致所有者權益減少的經濟利益的流出不符合費用的定義，不應確認為費用。

費用的確認除了應當符合定義外，也應當滿足嚴格的條件，即費用只有在經濟利益很可能流出從而導致企業資產減少或者負債增加且經濟利益的流出額能夠可靠計量時才能予以確認。因此，費用的確認至少應當符合以下條件：①與費用相關的經濟利益應當很可能流出企業；②經濟利益流出企業的結果會導致資產的減少或者負債的增加；③經濟利益的流出額能夠可靠計量。

按照經濟用途費用可以分為營業成本和期間費用。營業成本是指所銷售商品或提供勞務的成本。營業成本按照其所銷售商品或提供勞務在企業日常活動中所處的地位可以分為主營業務成本和其他業務成本。期間費用包括管理費用、銷售費用和財務費用。管理費用是指企業行政管理部門為組織和管理本企業的生產經營活動而發生的各種費用，包括行政管理人員的工資、辦公費等。銷售費用是指企業在銷售商品、提供勞務的過程中發生的各種費用，包括企業在銷售商品過程中發生的運輸費、裝卸費、樣品陳列費、廣告宣傳費、包裝費、保險費以及銷售本企業商品而專設的銷售機構的職工薪酬、折舊費等。財務費用是指企業籌集生產經營所需資金而發生的費用，包括利息支出、匯兌損失、相關手續費等。

費用按其經濟用途的要素構成如表1-5所示。

表1-5　　　　　　　　　　費用要素構成

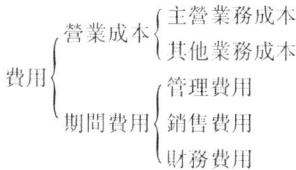

1.6.1.2.3　利潤

利潤是指企業在一定會計期間的經營成果。利潤的來源包括收入減去費用後的淨額、直接計入當期利潤的利得和損失等。其中，收入減去費用後的淨額反應的是企業日常活動的業績，直接計入當期利潤的利得和損失反應的是企業非日常活動的業績。

利潤反應的是收入減去費用、利得減去損失後的淨額的概念，因此，利潤的確認主要依賴於收入和費用以及利得和損失的確認，其金額的確定也主要取決於收入、費用、利得和損失金額的計量。利潤是評價企業管理層業績的一項重要指標，也是投資者等財務報告使用者進行決策時的重要參考。

企業的利潤可以分為營業利潤、利潤總額和淨利潤三個層次。

營業利潤＝營業收入－營業成本－期間費用－營業稅金及附加
　　　　　－資產減值損失±公允價值變動損益±投資收益

其中，資產減值損失是指企業計提各項資產減值準備所形成的損失。公允價值變動收益（或損失）是指企業交易性金融資產等公允價值變動形成的應計入當期損益的利得（或損失）。投資收益（或損失）是指企業以各種方式對外投資所取得的收益（或發生的損失）。

利潤總額＝營業利潤＋營業外收入－營業外支出

其中，營業外收入是指企業發生的與日常活動無直接關係的各項利得。如企業處置固定資產的利得、非貨幣性資產交換利得、債務重組利得等。營業外支出是指企業發生的與其經營活動無直接關係的各項淨支出，如企業處置固定資產的損失、非貨幣性資產交換損失、債務重組損失等。

淨利潤＝利潤總額－所得稅費用

收入、費用、利潤三者之間的關係可用公式表示如下：

收入－費用＝利潤

這裡的收入是廣義的收入，包括營業收入、投資收益、營業外收入等；這裡的費用是廣義的耗費，它包括各項費用和損失。

1.6.2 會計確認與計量

1.6.2.1 會計確認

會計主體所產生的所有經濟活動，有些屬於會計核算的內容，有些則不屬於會計核算的內容，如企業根據自身的生產經營活動簽訂的購銷合同等，因此，在進行會計核算之前，有必要進行會計確認，以排除不屬於會計核算範圍的經濟數據。所謂會計確認，是指會計根據一定的標準，對會計主體（會計工作為之服務的一個特定單位）所產生的經濟活動和有關的經濟數據（或某一會計要素）能否進入會計信息系統、何時進入會計信息系統以及如何進行報告的過程。會計確認包括確認標準和確認時點。

會計確認幾乎涉及會計信息的整個加工處理過程，包括是否應該記錄某項經濟活動及其影響，作為什麼要素來記錄，以及何時記錄三個問題。凡符合確認標準的各種項目，均應在財務報表中予以確認。會計確認的基本標準包括四個方面：

（1）定義性。對企業發生的能夠進入會計核算系統的經濟業務要按照會計要素的定義將其具體確認為某一會計要素。

（2）可計量性。在可定義性的基礎上，經濟信息必須進行量化，能夠以貨幣計量，才可以進行加工和比較等。

（3）相關性。就是針對不同會計信息使用者的具體需要，排除不相關的數據，增強信息的有用性。

（4）可靠性。會計信息要真實可靠，能夠如實地、完整地反應企業發生的交易或事項，而且要根據這些交易或事項的經濟實質，而不僅僅是法律形式來進行反應。

會計確認按確認時點，可以分為初始確認與再次確認。

初始確認，是指對輸入會計核算系統的原始經濟信息進行確認。會計的初始確認是從審核原始憑證開始，對經濟業務產生的原始憑證從其發生時間、地點、經濟業務

種類、數量、單價、金額等方面進行具體的識別、判斷、選擇等，以便對其進行正式的記錄。通過初始確認，篩選出有用的原始數據，運用復式記帳法編製會計憑證，將經濟數據轉化為會計信息，並登記有關帳簿。

再次確認，是指對會計核算系統輸出的、經過加工的會計信息進行確認。經過初始確認的原始數據，借助會計核算方法轉化為帳簿資料。為了便於管理者使用，帳簿還需要依照管理者的需要，繼續加工、提煉、或加以擴充、重新歸類、組合，也就是會計的再次確認。因此，再次確認是按照管理者的需要，確認帳簿資料中的哪些內容應列入財務報表，或是在財務報表中應揭示多少財務資料和何種財務資料。

1.6.2.2 會計確認基礎

會計確認基礎是指確定一定會計期間的收入與費用，從而確定損益的標準，又稱會計基礎。企業單位在一定會計期間，為進行生產經營而發生的費用和收入，可能在本期已經付出、收到貨幣資金，也可能在本期尚未付出、收到貨幣資金。同時，本期發生的費用可能與本期收入的取得有關，也可能與本期收入的取得無關。對於諸如此類的經濟業務應如何處理、如何確認每一筆收入和費用的歸屬期，從而正確計算出每一個會計期間的損益，要以所採用的會計確認基礎為依據。會計確認基礎主要有兩種：一是權責發生制，二是收付實現制。

（1）權責發生制

權責發生制又稱應計制或應收應付制，是指以實質取得收到現金的權利或支付現金責任的發生為標誌來確認本期收入和費用及債權和債務。按照權責發生制原則，凡是本期已經實現的收入和已經發生或應當負擔的費用，不論其款項是否已經收付，都應作為當期的收入和費用處理；凡是不屬於當期的收入和費用，即使款項已經在當期收付，都不應作為當期的收入和費用。中國的《企業會計準則——基本準則》第九條規定，「企業應當以權責發生制為基礎進行會計確認、計量和報告。」

（2）收付實現制

收付實現制是與權責發生制相對應的一種確認基礎，又稱現金制或實收實付制。它是指以收到或支出現金作為確認收入和費用的依據，記錄收入的實現或費用的發生。按照收付實現制原則，凡是屬於本期收到的收入和支出的費用，不管其是否應歸屬於本期，都作為本期的收入和費用；反之，但是本期未收到的收入和不支付的費用，即使應歸屬於本期收入和費用，也不作為本期的收入和費用。

1.6.2.3 會計計量

會計計量是指為了將符合確認條件的會計要素登記入帳並列報於財務報表而確定其金額的過程。企業應當按照規定的會計計量屬性進行計量，確定相關金額。會計計量屬性，是指企業在用貨幣對會計要素進行計量時所採用的計量標準。中國《企業會計準則——基本準則》規定，會計的計量屬性主要包括歷史成本、重置成本、可變現淨值、現值和公允價值等。

（1）歷史成本

歷史成本，又稱為實際成本，就是取得或製造某項財產物資時所實際支付的現金

或者其他等價物。在歷史成本計量下，資產按照其購置時支付的現金或者現金等價物的金額，或者按照購置資產時所付出的對價的公允價值計量。負債按照其因承擔現時義務而實際收到的款項或者資產的金額，或者承擔現時義務的合同金額，或者按照日常活動中為償還負債預期需要支付的現金或者現金等價物的金額計量。歷史成本是通過交易確定的，有原始憑證為依據，具有客觀性，減少了人為操縱的可能。同時，歷史成本取得成本低，數據便於進行驗證。

(2) 重置成本

重置成本又稱現行成本，是指按照當前市場條件，重新取得同樣一項資產所需支付的現金或現金等價物金額。在重置成本計量下，資產按照現在購買相同或者相似資產所需支付的現金或者現金等價物的金額計量。負債按照現在償付該項債務所需支付的現金或者現金等價物的金額計量。在原始交易日，重置成本與歷史成本代表相同的價值量，都等於當時資產或負債的交易價格。原始交易日後，兩者則會出現不同程度的差異。這種差異來自市場價格波動、通貨膨脹、技術進步等多種因素。

(3) 可變現淨值

可變現淨值，是指在正常生產經營過程中以預計售價減去進一步加工成本和銷售所必需的預計稅費、費用后的淨值。在可變現淨值計量下，資產按照其正常對外銷售所能收到現金或者現金等價物的金額扣減該資產至完工時估計將要發生的成本、估計的銷售費用以及相關稅金后的金額計量。

(4) 現值

現值是指對未來現金流量以恰當的折現率進行折現后的價值，是考慮貨幣時間價值因素等的一種計量屬性。在現值計量下，資產按照預計從其持續使用和最終處置中所產生的未來淨現金流入量的折現金額計量。負債按照預計期限內需要償還的未來淨現金流出量的折現金額計量。

(5) 公允價值

公允價值，是指在公平交易中，熟悉情況的交易雙方自願進行資產交換或者債務清償的金額。在公允價值計量下，資產和負債按照在公平交易中，熟悉情況的交易雙方自願進行資產交換或者債務清償的金額計量。對於存在活躍市場的資產和負債，按市場報價或最近交易價格確定公允價值。不存在活躍市場的資產和負債，可以採用估價技術確定其公允價值。

應當說明的是，在企業日常會計核算中，一般採用歷史成本計量。如果採用重置成本、可變現淨值、現值、公允價值計量，應當確保相關的數據能夠取得並能夠可靠計量。

1.7　會計核算方法與核算流程

1.7.1　會計核算方法

會計核算方法是對會計對象及其主要內容進行連續、系統、全面、綜合地記錄、

計量、計算、反應和控制所應用的專門方法。一般包括設置會計科目和帳戶、復式記帳、填製和審核憑證、登記帳簿、成本計算、財產清查、編製財務報告七個方面。

（1）設置會計科目和帳戶

設置會計科目和帳戶是對會計核算的具體內容進行分類核算和監督的一種專門方法。由於會計對象的具體內容是複雜多樣的，要對其進行系統地核算和經常性監督，就必須對經濟業務進行科學的分類，以便分門別類地、連續地記錄，和提供各種會計信息。會計科目是對六大會計要素所作的進一步分類，且會計科目是在帳簿中開設帳戶的依據，是帳戶的名稱。通過帳戶可以分類、連續、系統地記錄各項經濟業務，以提供經營管理所需的各種信息和指標。

（2）復式記帳

復式記帳是指對所發生的每項經濟業務，以相等的金額，同時在兩個或兩個以上相互聯繫的帳戶中進行登記的一種記帳方法。採用復式記帳方法，可以全面反應每一筆經濟業務的來龍去脈，而且可以防止差錯和便於檢查帳簿記錄的正確性和完整性，是一種比較科學的記帳方法。

（3）填製和審核憑證

填製和審核憑證是指經濟業務發生以後，借助設置的會計科目和帳戶、復式記帳法，按照有關要求，進行會計憑證填製，並由相關機構和人員進行審核，以保證會計記錄真實、正確、合理、合法。會計憑證是記錄經濟業務，明確經濟責任，作為記帳依據的書面證明。正確填製和審核會計憑證，是核算和監督經濟活動財務收支的基礎，是做好會計工作的前提。

（4）登記帳簿

登記會計帳簿簡稱記帳，是以審核無誤的會計憑證為依據在帳簿中分類、連續完整地記錄各項經濟業務，以便為經濟管理提供完整、系統的會計核算資料。帳簿記錄是重要的會計資料，是進行會計分析、會計檢查的重要依據。

（5）成本計算

成本計算是按照一定對象歸集和分配生產經營過程中發生的各種費用，以便確定該對象的總成本和單位成本的一種專門方法。企業生產經營的每個階段都會發生相應的費用，為了考核各項費用是否符合節約原則，應將這些費用按照一定對象加以歸集，分別計算出該對象的總成本和單位成本。通過準確計算成本可以掌握成本構成情況，考核成本計劃的完成情況，瞭解生產經營活動的成果，促使企業加強核算，節約支出，提高經濟效益。

（6）財產清查

財產清查是通過對財產物資、庫存現金的實地盤點和對銀行存款、債權債務的核對，來確定財產物資、貨幣資金和債權債務的實存數，並查明帳面結存數與實存數是否相符的一種專門方法。在會計核算中，可能會出現自然和人為的各種原因使得帳面餘額和實際結存數發生差異和帳與帳之間出現不一致的情況。因此，為了保證會計信息的真實性和準確性，必須定期或不定期地進行財產清查。通過財產清查，可以查明各項財產物資、債權債務、所有者權益的情況，有利於企業加強物資管理，保證財產

安全完整。

(7) 編製財務報告

編製財務報告是按照規定的表格格式，定期匯總日常的會計核算資料，以綜合和全面地反應企業的經營業績、財務狀況、現金流量的一種方法，主要包括財務報表及其附註和其他應當在財務會計報告中披露的相關信息和資料。財務報表主要包括資產負債表、利潤表、現金流量表等。會計報告主要以帳簿中的記錄為依據，經過一定形式的加工整理而產生的一套完整的核算指標，用來考核、分析財務計劃和預算執行情況以及編製下期財務和預算的重要依據。

以上會計核算的七種方法，雖各有特定的含義和作用，但並不是獨立的，而是相互聯繫、相互依存、彼此制約的。它們構成了一個完整的方法體系。在會計核算中，應正確地運用這些方法。一般在經濟業務發生後，按規定的手續填製和審核憑證，並應用復式記帳法在有關帳簿中進行登記；在一定期末還要對生產經營過程中發生的費用進行成本計算和財產清查，在帳證、帳帳、帳實相符的基礎上，根據帳簿記錄編製會計報表。

1.7.2 會計核算流程

為了將會計主體經濟活動的結果，通過財務報告的方式提供給會計信息的使用者，必須經過記錄、分類、匯總、編製報表、傳遞信息等一系列的工作程序，也就是會計的核算流程。因為會計人員在某一會計期間內處理會計事項均是按照比較固定並依次繼起的幾個步驟來完成的，下一個會計期間有時會按照前一個會計期間的那些步驟處理會計事項，提供會計信息，因此，在會計上又將這種在每一個會計期間周而復始進行的程序稱為「會計循環」。

會計循環是會計人員在某一會計期間內，從取得經濟業務的資料到編製財務報表所進行的會計處理程序和步驟。一個完整的會計循環一般包括如下幾個步驟：

(1) 審核原始憑證，編製記帳憑證。對企業發生的各種會計事項，應取得的原始憑證，經相關人員審核後，按照復式記帳法原理編製會計分錄，填寫記帳憑證。

(2) 過帳。根據記帳憑證中記錄的情況，將會計分錄中應借和應貸金額過入到相應的分類帳戶中，包括總分類帳戶和明細分類帳戶。

(3) 試算平衡。根據各分類帳戶的余額編製余額試算平衡表，通過試算平衡表檢查會計分錄編製和過帳有無差錯並能初步展示企業財務情況與經營成果的全貌，有利於編製財務報告。

(4) 調帳。按照權責發生制的要求，對有關收入和費用帳戶進行調整，在記帳憑證中編製必要的調整分錄並過入相應的分類帳戶。

(5) 結帳。一般於年終將收入和費用等損益類帳戶予以結清轉入本年利潤帳戶，於下年度重新開設此類帳戶。同時，將資產、負債、所有者權益帳戶年末結清後轉入下年度期初。

(6) 編製財務報告。根據各分類帳戶的有關資料編製財務報告，包括資產負債表、利潤表、現金流量表等。資產負債表可根據各帳戶的期末余額或者余額試算平衡表編

製；利潤表根據收入、費用帳戶本期發生額編製；現金流量表根據資產負債表和現金流量表以及其他有關資料編製。

　　正確組織會計循環，對會計工作具有非常重要的意義：①能將企業發生的諸多且複雜的經濟業務通過收集數據、加工匯總直到編製報表，為會計信息使用者提供真實完整的會計信息；②使日常會計核算工作納入規範化、科學化的軌道，從而提高會計核算的效率和質量；③能使會計人員的工作組織的有條不紊，按照會計循環的先後順序、合理安排人事，進行分工協作。

第 2 章　會計核算流轉程序

學習目的：通過本章學習，學生要瞭解會計方法體系的基本內容，設置帳戶和借貸記帳法的基本理論和方法，以及在會計循環中如何運用這些方法進行帳務處理；熟悉帳務處理流程；理解並掌握會計科目、帳戶、會計憑證和帳簿；重點掌握並靈活運用借貸記帳法。

2.1　會計科目和帳戶

2.1.1　會計科目的概念、設置原則及分類

（1）會計科目的概念

會計科目是對會計對象的具體內容進行分類核算的項目。為了全面、系統地反應與監督各項經濟業務的發生情況，首先應解決對反應經濟事項的各項數據進行分類的問題，這就需要設置會計科目。

會計科目是對會計對象的具體內容加以科學歸類，是會計核算的一種專門方法。設置會計科目能分門別類地提供經濟管理所需的會計核算資料，便於企業內各部門、投資人、債權人以及其他會計信息使用者掌握和分析企業的財務狀況、經營成果和現金流量。

（2）會計科目的設置原則

第一，統一性。

會計科目的名稱應該統一、規範。必須依據企業會計準則中確認和計量的規定設置，企業在不違反會計準則中確認、計量和報告規定的前提下，可以根據本單位的實際情況自行增設、分拆、合併會計科目。

第二，完整性。

會計科目的設置必須體現會計主體的特點，全面、系統地反應特定會計主體所發生的各項經濟業務，不允許遺漏、交叉或重複。會計科目設置的多少，既要滿足國家宏觀經濟管理的需要，又要滿足企業內部經營管理，以及投資者、債權人等有關方面對會計信息的需要，同時還要考慮節約會計工作成本的需要。

第三，適用性和相對穩定性。

會計科目的設置必須簡明適用、通俗易懂，既要適應經濟業務發展的需要，同時還應保持相對穩定，便於有關各方的信息使用者對不同會計期間的會計信息進行對比

分析。

(3) 會計科目的分類

①按反應的經濟內容分類

會計科目按其反應的經濟內容不同，可分為資產類、負債類、所有者權益類、損益類和成本類。

②按提供指標詳細程度分類

會計科目提供指標詳細程度可分為總分類科目（簡稱總帳科目，也稱一級科目）和明細分類科目（簡稱明細科目），明細科目又可分為二級明細科目和三級明細科目。總帳科目反應各種經濟業務的概括情況；二級明細科目是對總帳科目所作的進一步分類；三級明細科目是對二級明細科目的分類。總分類科目、明細分類科目的設置，可獲得詳細程度不同的各項經濟指標。它們之間的關係是前者統馭後者，後者從屬於前者（如表2-1所示）。

表2-1　　　　　　　　會計科目按提供指標詳細程度的分類

總分類科目（一級科目）	明細分類科目	
	二級科目（子目）	三級科目（細目）
原材料	原料及主要材料	鋼材 生鐵
	輔助材料	油漆 催化劑
	燃料	汽油 柴油

現將企業常用的會計科目的名稱及編號列示如表2-2所示。

表2-2　　　　　　　　　　會計科目表

科目代碼	科目名稱	科目代碼	科目名稱
	一、資產類		二、負債類
1001	庫存現金	2001	短期借款
1002	銀行存款	2201	應付票據
1101	交易性金融資產	2202	應付帳款
1121	應收票據	2203	預收帳款
1122	應收帳款	2211	應付職工薪酬
1123	預付帳款	2221	應交稅費
1131	應收股利	2231	應付股利
1132	應收利息	2232	應付利息
1221	其他應收款	2501	長期借款

表2-2(續)

科目代碼	科目名稱	科目代碼	科目名稱
1231	壞帳準備	2502	應付債券
1401	材料採購	2701	長期應付款
1402	在途物資	2801	預計負債
1403	原材料		三、所有者權益類
1404	材料成本差異	4001	實收資本
1405	庫存商品	4002	資本公積
1411	週轉材料	4101	盈余公積
1471	存貨跌價準備	4103	本年利潤
1501	持有至到期投資	4104	利潤分配
1511	長期股權投資		四、成本類
1512	長期股權投資減值準備	5001	生產成本
1601	固定資產	5101	製造費用
1602	累計折舊		五、損益類
1603	固定資產減值準備	6001	主營業務收入
1604	在建工程	6051	其他業務收入
1606	固定資產清理	6101	公允價值變動損益
1701	無形資產	6111	投資收益
1702	累計攤銷	6301	主營業務收入
1703	無形資產減值準備	6401	主營業務成本
1801	長期待攤費用	6402	其他業務成本
1901	待處理財產損溢	6403	營業稅金及附加
		6601	銷售費用
		6602	管理費用
		6603	財務費用
		6701	資產減值損失
		6711	營業外支出
		6801	所得稅費用

2.1.2 帳戶及其結構

（1）帳戶的概念

帳戶是根據會計科目開設的，具有一定格式和結構，用來分類記錄經濟業務內容

的一種工具。

會計科目和帳戶兩者之間既有聯繫又有區別。會計科目與帳戶都是對會計對象具體內容的科學分類，兩者口徑一致，性質相同。帳戶是根據會計科目設置的，會計科目是帳戶的名稱，所以會計科目的內容、分類的方法決定了帳戶的內容、分類的方法。會計科目和帳戶反應的經濟內容是相同的，但又存在一定的區別。會計科目是對經濟內容的分類，表明某一項經濟內容的名稱，沒有結構，而帳戶具有記錄會計對象具體內容的一定結構和特定格式。

（2）帳戶的基本結構

經濟活動所引起會計對象具體內容的變動從其數量方面看，不外乎增加和減少兩種情況。因此，為了反應各項經濟業務的變動情況，帳戶必須具備兩方，即左方和右方。一方記錄增加數，另一方記錄減少數。至於哪方記錄增加數，哪方記錄減少數，則由所採用的記帳方法和所記錄的經濟內容而決定。一個完整的帳戶結構應包括以下內容：

①帳戶名稱——會計科目；
②經濟業務的發生日期；
③摘要；
④憑證字、號數；
⑤增減金額及余額。

為了方便學習，在會計教學中一般採用簡化的「T」字形帳戶，其格式如圖 2-1 所示。

借方　　　帳戶名稱　　　貸方

圖 2-1　T 字形帳戶結構

各個帳戶記錄后一般可以提供四個金額指標，即期初余額、本期增加發生額、本期減少發生額和期末余額指標。一定會計期間增加數的合計，稱為本期增加發生額；一定會計期間減少數的合計，稱為本期減少發生額；帳戶的四個金額指標之間的關係如下：

$$期末余額 = 期初余額 + 本期增加發生額 - 本期減少發生額$$

2.2　借貸記帳法

2.2.1　記帳方法的概念和種類

為了有效地反應與監督會計主體所發生的各項經濟業務，不但要依據會計科目設

置會計帳戶，而且還必須採用科學的記帳方法。所謂記帳方法，是根據一定的原理、運用記帳符號、記帳規則，採用一定的計量單位，利用文字和數字在帳簿中登記經濟業務的方法。

按記錄方式的不同，記帳方法可分為單式記帳法和復式記帳法兩大類。

（1）單式記帳法

單式記帳法對每一項經濟業務，只在一個帳戶中登記，反應經濟業務的一個方面。通常只登記庫存現金、銀行存款的收付以及應收、應付款項的結算。如：以銀行存款5,000元購買材料，只記銀行存款的減少，不記原材料的增加。

（2）復式記帳法

復式記帳法是對每一筆經濟業務的發生，都必須以相等的金額在兩個或兩個以上相互聯繫的帳戶中加以記錄，借以完整地反應一項經濟業務的方法。

復式記帳法設置了完整的帳戶體系，可以全面記錄和反應所有的經濟業務，反應每一項經濟業務的來龍去脈。復式記帳法的基本理論依據是：資產＝負債＋所有者權益，可以對會計記錄的結果進行試算平衡。

復式記帳法可分為借貸記帳法、增減記帳法和收付記帳法三種。中國《企業會計準則》規定，各企業、機關、事業單位和其他組織統一使用借貸記帳法。

2.2.2 借貸記帳法

借貸記帳法於13世紀起源於義大利。當時義大利的商品經濟特別是海上貿易已有很大的發展。11—13世紀的十字軍東徵戰爭使義大利沿海城市成為與東方貿易的聯結中心，由於商業貿易的發展，商品交換的需要，推動了借貸活動和銀行信用的發展。在這些地方出現了一種從事貨幣借貸業務和兌換各種不同貨幣的「銀錢」行業，也就是銀行的前身，這些銀錢行業還為商人辦理轉帳結算。1211年，佛羅倫薩錢莊採用的帳簿，它代表復式簿記的萌芽階段，因此會計學者稱之為佛羅倫薩式記帳法；1340年，在義大利的熱那亞應用了一種更為進步的復式記帳法，它代表復式簿記的改進階段，稱為熱那亞式記帳法；15世紀初流行於威尼斯的記帳方法，它代表復式簿記的完備階段，稱之為威尼斯式簿記法；1494年，盧卡·巴其阿勒在他的著作《算術、幾何及比例概要》中專設一篇：「計算與記錄詳論」，第一次系統介紹和論述了復式簿記，為推動復式簿記在整個歐洲及全球範圍的普及奠定了基礎。盧卡·巴其阿勒被公認為「現代會計之父」，但是復式簿記並不是由巴其阿勒所創造，在巴其阿勒這本著作出版以前，復式簿記已經歷了一個相當長的時期，會計的一套方法已反復試驗了至少三百年之久。隨著資本主義經濟的發展，借貸記帳法也不斷完善和發展，成為經濟管理中的一種科學記帳方法，逐步被各國廣泛採用。19世紀由於資本主義國家入侵中國，借貸記帳法也隨之傳入中國，一些比較大的工商企業、銀行以及政府機關開始採用這種記帳方法。新中國成立以後不少行業繼續沿用下來。目前借貸記帳法已成為中國各單位廣泛使用的一種復式記帳法。

2.2.2.1 借貸記帳法的基本內容

(1) 用「借」和「貸」作為記帳符號

借貸記帳法以「借」和「貸」作為記帳符號，帳戶的左方規定為借方，右方規定為貸方。「借（或貸）××帳戶」，即表示應在該帳戶左方（或右方）做出記錄，反應資金的增減變化情況，一般來講，期初余額和期末余額與帳戶記錄增加數額的方向一致。

借貸記帳法使用的「借」「貸」兩字，最初是從借貸資本家的角度來解釋的，現在演變為純粹的記帳符號，已同本來的字義脫節，轉化成了單純的記帳符號，代表帳戶某一特定部位的一個標誌。「借」「貸」的含義因帳戶性質不同而恰好相反。在借貸記帳法下，哪方記錄增加數，哪方記錄減少數，取決於各個帳戶所反應的經濟內容。

下面用「T」字形帳戶分別說明一下各類帳戶的基本結構，如表 2-3 ~ 表 2-6 所示。

表 2-3　　　　　　　　　　資產類帳戶的結構

借方	帳戶名稱（會計科目）		貸方
期初余額	×××		
本期增加額	×××	本期減少額	×××
	×××		×××
本期借方發生額	×××	本期貸方發生額	×××
期末余額	×××		

資產類帳戶的期末余額 = 期初余額 + 本期借方發生額 - 本期貸方發生額

表 2-4　　　　　　　　　　負債及所有者權益類帳戶

借方	帳戶名稱（會計科目）		貸方
		期初余額	×××
本期減少額	×××	本期增加額	×××
	×××		×××
本期借方發生額	×××	本期貸方發生額	×××
		期末余額	×××

負債及所有者權益類帳戶的期末貸方余額 = 期初余額 + 本期貸方發生額 - 本期借方發生額

表 2-5　　　　　　　　　　　　　　費用類帳戶

借方	帳戶名稱（會計科目）	貸方
期初余額	×××	
本期增加額	×××	本期減少額（轉出）　　×××
	×××	×××
本期借方發生額	×××	本期貸方發生額　　　　×××
期末余額	×××	

　　成本及費用類帳戶的結構與資產帳戶的結構相似，借方記增加，貸方記減少，除生產成本帳戶余額在借方外，其他成本、費用類帳戶一般沒有余額。
　　成本及費用類帳戶的期末余額＝期初余額＋本期借方發生額－本期貸方發生額

表 2-6　　　　　　　　　　　　　收入類帳戶的結構

借方	帳戶名稱（會計科目）	貸方
本期減少額（轉出）	×××	本期增加額　　　　　　×××
	×××	×××
本期借方發生額	×××	本期貸方發生額　　　　×××

　　收入類帳戶的結構與負債及所有者權益類帳戶的結構相似，貸方記增加，借方記減少，期末一般沒有余額。
　　（2）以「有借必有貸，借貸必相等」作為記帳規則
　　根據復式記帳原理，對每項經濟業務都要以相等金額，同時在兩個或兩個以上相互聯繫的帳戶中進行登記。記帳時，對每項經濟業務必須用相等金額，一方面記入一個或幾個有關帳戶的借方；另一方面記入一個或幾個有關帳戶的貸方，記入借方帳戶與貸方帳戶的金額必然相等。
　　①會計分錄
　　會計分錄簡稱分錄。它是會計人員依據原始憑證，確定所涉及的帳戶名稱、記帳方向和入帳金額所作的記錄。一筆會計分錄主要包括三個要素：會計科目、記帳符號、金額。
　　會計分錄按其所反應經濟業務的複雜程度，可分為簡單會計分錄和複合會計分錄兩種。
　　簡單會計分錄是指一項經濟業務發生以後，只在兩個帳戶中記錄的會計分錄，即一借一貸的會計分錄。
　　複合會計分錄是指經濟業務發生后，需要應用三個或三個以上的帳戶加以記錄的會計分錄。即一借多貸、一貸多借或多借多貸的會計分錄。
　　運用借貸記帳法編製會計分錄，一般按以下步驟進行：
　　第一，根據經濟業務的內容，進行會計確認，確定經濟業務所涉及的帳戶名稱；

第二，確定經濟業務所涉及的帳戶的增減，進而確定記帳方向；

第三，確定應記入經濟業務所涉及帳戶的金額，並根據記帳規則檢驗結果。

現舉例說明會計分錄的編製。

紅星公司201×年9月發生下列經濟業務：

【例1】企業收到投資者投入機器設備一臺，價值10,000元。

該筆經濟業務發生後，涉及資產和所有者權益兩個會計要素中的有關項目同時發生變動。一方面使所有者權益方面的投入資本增加了10,000元，應記入「實收資本」帳戶的貸方；另一方面使資產方面的固定資產也增加10,000元，應記入「固定資產」帳戶的借方。其會計分錄如下：

借：固定資產　　　　　　　　　　　　　　　　　　　　　　10,000
　　貸：實收資本　　　　　　　　　　　　　　　　　　　　　　10,000

【例2】以銀行存款50,000元償還短期借款。

該筆經濟業務發生後，涉及資產和負債兩個會計要素中的有關項目同時發生變動。一方面使資產方面的銀行存款減少了50,000元，應記入「銀行存款」帳戶的貸方；另一方面使負債方面的短期借款減少了50,000元，應記入「短期借款」帳戶的借方。其會計分錄如下：

借：短期借款　　　　　　　　　　　　　　　　　　　　　　50,000
　　貸：銀行存款　　　　　　　　　　　　　　　　　　　　　　50,000

【例3】收回某單位前欠貨款300,000元，存入銀行。

該筆經濟業務的發生后，涉及資產中的兩個項目同時發生變動。一方面使資產方面的銀行存款增加了300,000元，應記入「銀行存款」帳戶的借方；另一方面使資產方面的應收帳款減少了300,000元，應記入「應收帳款」帳戶的貸方。其會計分錄如下：

借：銀行存款　　　　　　　　　　　　　　　　　　　　　　300,000
　　貸：應收帳款　　　　　　　　　　　　　　　　　　　　　　300,000

【例4】向銀行借入短期借款50,000元，償還前欠外單位貨款。

該筆經濟業務的發生后，涉及負債類兩個項目同時發生變化。一方面使負債方面的短期借款增加了50,000元，應記入「短期借款」帳戶的貸方；另一方面使負債方面的應付帳款減少了50,000元，應記入「應付帳款」的借方。其會計分錄如下：

借：應付帳款　　　　　　　　　　　　　　　　　　　　　　50,000
　　貸：短期借款　　　　　　　　　　　　　　　　　　　　　　50,000

【例5】購入機器一臺，價款100,000元，其中80,000元以銀行存款支付，其余20,000元暫欠。

該筆經濟業務的發生后，涉及資產類兩個項目、負債類一個項目同時發生變化。一方面使資產方面的固定資產增加了100,000元、銀行存款減少了80,000元，分別記入「固定資產」帳戶的借方與「銀行存款」帳戶的貸方；另一方面使負債方面的應付帳款增加了20,000元，應記入「應付帳款」的貸方。其會計分錄如下：

借：固定資產　　　　　　　　　　　　　　　　　　　　　　100,000

  貸：銀行存款   80 000

    應付帳款   20 000

  本章〔例1〕～〔例4〕所編製的分錄為簡單分錄，〔例5〕所編製的分錄為複合分錄。

  在借貸記帳法下，為了使帳戶對應關係清楚，一般不能把不同經濟業務合併在一起，編製多借多貸的會計分錄。複合會計分錄實際上是由若干簡單會計分錄複合而成的。如上例的複合會計分錄可分解為以下兩個簡單分錄：

  上述〔例5〕分錄可寫為：

  借：固定資產   80 000

    貸：銀行存款   80 000

  借：固定資產   20 000

    貸：應付帳款   20 000

  運用借貸記帳法在帳戶中登記經濟業務後，在有關帳戶之間就形成了應借、應貸的關係。帳戶之間應借、應貸的關係，稱為帳戶的對應關係。存在對應關係的帳戶，互稱對應帳戶。例如向銀行借入短期借款 50 000元，償還欠外單位貨款，應分別記入「應付帳款」的借方和「短期借款」帳戶的貸方，「應付帳款」和「短期借款」這兩個帳戶之間就發生了相互對應的關係，這兩個帳戶就互為對應帳戶。

  儘管企業每天發生著大量千差萬別、錯綜複雜的經濟業務，但歸納起來不外乎四種類型：資產與負債或所有者權益會計要素中有關項目同時增加，資產與負債或所有者權益類會計要素中有關項目同時減少，資產會計要素中有關項目有增有減，負債或所有者權益會計要素中有關項目有增有減。如圖2-2所示。

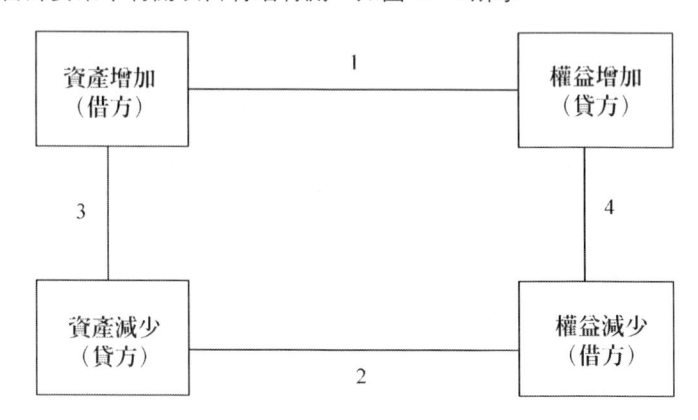

圖2-2 會計要素借貸方含義

② 過帳

  各項經濟業務編製會計分錄後，即應記入有關帳戶。這個記帳步驟，通常稱為「過帳」。過帳以後，一般要在月終進行「結帳」，即計算出各帳戶的本期發生額合計和期末余額。

假設紅星公司201×年8月31日總帳各帳戶余額如表2-7所示。

表2-7　　　　　　紅星公司201×年8月31日總帳各帳戶余額

單位：元

資　產	金　額	負債及所有者權益	金　額
庫存現金	10,000	短期借款	80,000
銀行存款	500,000	應付帳款	400,000
應收帳款	400,000	長期借款	100,000
原材料	170,000	實收資本	1,600,000
庫存商品	100,000	資本公積	500,000
固定資產	1,500,000		
資產總計	2,680,000	負債和所有者權益總計	2,680,000

現將以上所列舉的各項經濟業務的會計分錄記入有關總分類帳戶，並結出各帳戶的本期發生額和余額，如表2-8所示。

表2-8　　　　　　　各帳戶的本期發生額和余額

借	銀行存款		貸
期初余額	500,000	（2）	50,000
（3）	300,000	（5）	80,000
本期發生額	300,000	本期發生額	130,000
期末余額	670,000		

借	固定資產		貸
期初余額	1,500,000		
（1）	10,000		
（5）	100,000		
本期發生額	110,000	本期發生額	0
期末余額	1,610,000		

借	應收帳款		貸
期初余額	400,000	（3）	300,000
本期發生額	0	本期發生額	300,000
期末余額	100,000		

借	短期借款		貸
（2）	50,000	期初余額	80,000
		（4）	50,000
本期發生額	50,000	本期發生額	50,000
		期末余額	80,000

借		應付帳款	貸
(4)	50,000	期初余額	400,000
		(5)	20,000
本期發生額	50,000	本期發生額	20,000
		期末余額	370,000

借		實收資本	貸
		期初余額	1,600,000
		(1)	10,000
本期發生額		本期發生額	10,000
		期末余額	1,610,000

③ 試算平衡

試算平衡是根據資產、負債、所有者權益之間的平衡關係和記帳規則來檢查帳戶記錄是否正確、完整的一種驗證方法。

借貸記帳法在處理每一筆經濟業務時，按照「有借必有貸，借貸必相等」的記帳規則，因此，在一定會計期間內所有帳戶的借貸發生額雙方合計數必然相等，帳戶的借方期末余額合計數與貸方期末余額合計數也必然是相等的。帳戶的發生額和余額的試算平衡公式分別為：

所有帳戶的本期借方發生額合計數 = 所有帳戶的本期貸方發生額合計數

所有帳戶的期初借方余額合計 = 所有帳戶的期初貸方余額合計

在實際工作中，檢查和驗證帳戶記錄是否正確，一般是通過定期編製總分類帳戶本期發生額及余額試算平衡表來完成的。

現以紅星公司為例編製總分類帳戶本期發生額及余額試算平衡表。如表 2-9 所示。

表 2-9　　　　　總分類帳戶本期發生額及余額試算平衡表

201×年9月　　　　　　　　　　　單位：元

帳戶名稱	期初余額		本期發生額		期末余額	
	借	貸	借	貸	借	貸
庫存現金	10,000				10,000	
銀行存款	500,000		300,000	130,000	670,000	
應收帳款	400,000			300,000	100,000	
原材料	170,000				170,000	
庫存商品	100,000				100,000	
固定資產	1,500,000		110,000		1,610,000	
短期借款		80,000	50,000	50,000		80,000
應付帳款		400,000	50,000	20,000		370,000

帳戶名稱	期初余額 借	期初余額 貸	本期發生額 借	本期發生額 貸	期末余額 借	期末余額 貸
長期借款		100,000				100,000
實收資本		1,600,000		10,000		1,610,000
資本公積		500,000				500,000
合　　計	2,680,000	2,680,000	510,000	510,000	2,660,000	2,660,000

必須注意，試算平衡表只是通過借貸金額是否平衡來檢查帳戶記錄是否正確。如果試算平衡，只能說明帳戶記錄基本正確，也不能說明各帳戶記錄完全正確，因為有些錯誤通過試算無法發現，如記帳方向顛倒、某項經濟業務重記、漏記等。

2.2.3　總分類帳戶和明細分類帳戶的關係及其平行登記

（1）總分類帳戶與明細分類帳戶的設置

總分類帳戶是根據總分類科目開設的帳戶，對總分類科目的經濟內容進行總括的核算，提供總括性的貨幣指標；明細分類帳戶是根據明細分類科目開設的帳戶，對總分類帳戶的經濟內容進行明細分類核算，提供具體而詳細的貨幣核算指標和實物數量指標。

（2）總分類帳與明細分類帳的關係

總分類帳戶與明細分類帳戶之間的內在聯繫體現在以下兩個方面：兩者所反應的經濟業務的內容相同，登帳的依據相同。

總分類帳與明細分類帳的區別：第一，反應經濟內容的詳盡程度不同，總分類帳戶提供的是各種總括核算的資料，明細帳提供的是詳細會計信息；第二，作用不同。總分類帳戶提供的經濟指標，是明細分類帳戶資料的綜合，對所屬明細分類帳戶起著統馭和控制的作用，稱之為統馭帳戶（控制帳戶）；而明細分類帳戶是對有關總分類帳戶的輔助和補充，起著詳細說明的作用，稱之為從屬帳戶（輔助帳戶）。

（3）總分類帳戶與明細分類帳戶的平行登記

平行登記，是指經濟業務發生后，應根據有關會計憑證（包括原始憑證和記帳憑證），一方面要登記有關的總分類帳戶；另一方面要登記該總分類帳戶所屬的各有關明細分類帳戶。

平行登記法的要點可概括為以下三點：

第一，同時登記。

對發生的每一筆經濟業務，要根據審核無誤的同一會計憑證，在同一會計期間，既要在有關的總分類帳中進行登記，又要在該總帳所屬的明細分類帳中進行明細登記。

第二，方向相同。

對於一筆經濟業務，在依據同一會計憑證登記總分類帳戶的記帳方向（借方或貸方）與登記所屬明細分類帳戶的記帳方向（借方或貸方）必須一致。

第三，金額相等。

記入總分類帳戶中的金額，必須與記入其所屬的各明細分類帳戶中的金額之和相等。

根據上述平行登記的原理，必然出現四組對等關係。用公式表示如下：

總分類帳戶借方發生額＝所屬明細帳戶的借方發生額之和

總分類帳戶貸方發生額＝所屬明細帳戶的貸方發生額之和

總分類帳戶期初余額＝所屬明細帳戶期初余額之和

總分類帳戶期末余額＝所屬明細帳戶期末余額之和

下面分別以「原材料」和「應付帳款」兩個帳戶為例，說明總分類帳戶和所屬明細分類帳戶平行登記方法。

【例6】某公司201×年9月「原材料」和「應付帳款」總分類帳戶和所屬明細分類帳戶的期初余額如下：

「原材料」借方余額38,000元，所屬明細分類帳戶的期初余額如表2－10所示。

表2－10　　　　　　　　　原材料明細分類帳戶的期初余額

名稱	數量	單價	金額
甲材料	1,000 千克	8 元	8,000 元
乙材料	2,000 千克	15 元	30,000 元
合　計			38,000 元

「應付帳款」貸方余額75,000元，其中東方公司25,000元，紅光公司50,000元。
該公司本月發生如下經濟業務（暫不考慮增值稅）：

1. 3日向東方公司購進甲材料10,000千克，單價8元，共計貨款80,000元，材料已驗收入庫，貨款未付。

2. 10日以銀行存款償還前欠東方公司貨款20,000元。

3. 17日向紅光公司購進乙材料5,000千克，單價15元，共計貨款75,000元，材料已驗收入庫，貨款未付。

4. 25日生產領用甲材料10,000千克，單價8元，計80,000元；乙材料2,500千克，單價15元，計37,500元。

根據以上資料編製會計分錄如下：

（1）借：原材料——甲材料　　　　　　　　　　　80,000
　　　　貸：應付帳款——東方公司　　　　　　　　　　80,000
（2）借：應付帳款——東方公司　　　　　　　　20,000
　　　　貸：銀行存款　　　　　　　　　　　　　　　　20,000
（3）借：原材料——乙材料　　　　　　　　　　75,000
　　　　貸：應付帳款——紅光公司　　　　　　　　　　75,000
（4）借：生產成本　　　　　　　　　　　　　117,500
　　　　貸：原材料——甲材料　　　　　　　　　　　　80,000

——乙材料　　　　　　　　　　　　　　　　　　　　37,500

將上述會計分錄平行登記在「原材料」「應付帳款」兩個總分類帳及其所屬的明細分類帳戶中，並結出各個帳戶的本期發生額和期末餘額。其登記結果如表 2-11、表 2-12、表 2-13、表 2-14、表 2-15、表 2-16 所示。

表 2-11　　　　　　　　　　　　　　總分類帳戶
帳戶名稱：原材料　　　　　　　　　　　　　　　　　　　　單位：元

201×年 月	日	摘要	借方	貸方	借或貸	餘額
9	1	期初餘額			借	38,000
	3	購入材料	80,000		借	118,000
	17	購入材料	75,000		借	193,000
	25	發出材料		117,500	借	75,500
	30	本期發生額及餘額	155,000	117,500	借	75,500

表 2-12　　　　　　　　　　　　原材料明細分類帳戶
材料名稱：甲材料　　　　　　　　　　　　　　　　　　　　單位：元

201×年 月	日	摘要	計量單位	單價	收入 數量	收入 金額	發出 數量	發出 金額	餘額 數量	餘額 金額
9	1	期初餘額	千克	8					1,000	8,000
	3	購入材料	千克	8	10,000	80,000			11,000	88,000
	25	發出材料	千克	8			10,000	80,000	1,000	8,000
	30	本期發生額及餘額	千克	8	10,000	80,000	10,000	80,000	1,000	8,000

表 2-13　　　　　　　　　　　　原材料明細分類帳戶
材料名稱：乙材料　　　　　　　　　　　　　　　　　　　　單位：元

201×年 月	日	摘要	計量單位	單價	收入 數量	收入 金額	發出 數量	發出 金額	餘額 數量	餘額 金額
9	1	期初餘額	千克	15					2,000	30,000
	17	購入材料	千克	15	5,000	75,000			7,000	105,000
	25	發出材料	千克	15			2,500	37,500	4,500	67,500
	30	本期發生額及餘額	千克	15	5,000	75,000	2,500	37,500	4,500	67,500

表 2-14　　　　　　　　　　　　　總分類帳戶
帳戶名稱：應付帳款　　　　　　　　　　　　　　　　　　　　　　　單位：元

201×年		摘要	借方	貸方	借或貸	余額
月	日					
9	1	期初余額			貸	75,000
	3	應付材料款		80,000	貸	155,000
	10	以銀行存款償付貨款	20,000		貸	135,000
	17	應付材料款		75,000	貸	210,000
	30	本期發生額及余額	20,000	155,000	貸	210,000

表 2-15　　　　　　　　　　　應付帳款明細分類帳戶
單位名稱：東方公司　　　　　　　　　　　　　　　　　　　　　　　單位：元

201×年		摘要	借方	貸方	借或貸	余額
月	日					
9	1	期初余額			貸	25,000
	3	應付材料款		80,000	貸	105,000
	10	以銀行存款償付貨款	20,000		貸	85,000
	30	本期發生額及余額	20,000	80,000	貸	85,000

表 2-16　　　　　　　　　　　應付帳款明細分類帳戶
單位名稱：紅光公司　　　　　　　　　　　　　　　　　　　　　　　單位：元

201×年		摘要	借方	貸方	借或貸	余額
月	日					
	1	期初余額			貸	50,000
	17	應付材料款		75,000	貸	125,000
	30	本期發生額及余額	0	75,000	貸	125,000

　　總分類帳戶與其所屬的明細分類帳戶的平行登記必然形成四組對等的關係，我們可以定期核對雙方有關數字，來檢查帳戶的記錄是否正確、完整。如果通過核對發現有關數字不等，則表明帳戶的登記必有差錯，應及時查明原因，予以更正。在實際工作中，通常是月末通過編製「××明細分類帳戶本期發生額及余額明細表」來進行相互核對。根據上例的原材料明細分類帳戶的記錄，編製「原材料」「應付帳款」明細分類帳戶本期發生額及余額明細表，如表 2-17、表 2-18 所示。

表 2-17　　　　　原材料明細分類帳戶本期發生額及余額明細表

201×年9月　　　　　　　　　　　　　　　　　　　單位：元

材料名稱	計量單位	單價	期初余額		本期發生額				期末余額	
					收入		發出			
			數量	金額	數量	金額	數量	金額	數量	金額
甲材料	千克	8	1,000	8,000	10,000	80,000	10,000	80,000	1,000	8,000
乙材料	千克	15	2,000	30,000	5,000	75,000	2,500	37,500	4,500	67,500
合計				38,000		155,000		117,500		75,500

表 2-18　　　　　應付帳款明細分類帳戶本期發生額及余額明細表

201×年9月　　　　　　　　　　　　　　　　　　　單位：元

明細帳戶	期初余額		本期發生額		期末余額	
	借方	貸方	借方	貸方	借方	貸方
東方公司		25,000	20,000	80,000		85,000
紅光公司		50,000	0	75,000		125,000
合計		75,000	20,000	155,000		210,000

由表 2-17、表 2-18 可以看出，表中合計欄各項數額分別與「原材料」「應付帳款」總分類帳戶的期初余額、本期借、貸方發生額、期末余額相等，表明「原材料」「應付帳款」總分類帳戶與其所屬明細分類帳戶的平行登記未發生差錯。

2.3　會計憑證

2.3.1　會計憑證的意義和種類

2.3.1.1　會計憑證的概念

會計憑證是記錄經濟業務、明確經濟責任、據以登記會計帳簿的一種具有法律效力的書面證明文件。填製和審核會計憑證，是會計核算的起點和基礎，也是對經濟業務進行日常監督的基本環節，是會計核算的基本方法之一。

2.3.1.2　會計憑證的作用

認真填製和嚴格審核會計憑證，對於完成會計工作，充分發揮會計職能作用，具有十分重要的意義。

第一，保證會計核算的準確性。

認真填製和審核會計憑證，可以如實記錄經濟業務的實際完成情況，為記帳、算帳提供可靠的數據資料，保證會計核算的正確性。

第二，充分發揮會計的監督作用。

認真填製和審核會計憑證，為檢查、監督經濟活動的合法性、合理性提供依據，充分發揮會計的監督作用。

會計憑證記錄和反應了經濟業務活動的發生、進程和完成情況等具體內容。通過對會計憑證的嚴格審核，可以檢查每筆經濟業務是否合理、合規和合法，是否符合有關政策、法令、制度的規定，有無違法亂紀、鋪張浪費和損公肥私行為，從而充分發揮會計的監督作用。

第三，明確經濟責任。

會計憑證記錄了每筆經濟業務的內容，並由有關部門和經辦人員簽章，這就要求有關部門和有關人員對經濟活動的真實性、準確性、合法性負責。不容置疑這能加強有關部門和經辦人員的責任感，防止舞弊行為的發生，促使他們嚴格按照規章、制度辦事，如發生違規行為也易於分清經濟責任。

2.3.1.3 會計憑證的種類

會計憑證按其編製程序和用途的不同，可以分為原始憑證和記帳憑證兩大類。

(1) 原始憑證

原始憑證是在經濟業務發生或完成時取得或編製的載明經濟業務的具體內容、明確經濟責任、具有法律效力的書面證明。它是組織會計核算的原始資料和重要依據。

原始憑證可以按不同標準分類。

第一，原始憑證按其來源不同，可以分為外來原始憑證和自製原始憑證兩種

外來原始憑證是在經濟業務活動發生或完成時，從其他單位或個人直接取得的原始憑證。如鐵路運輸部門的「火車票」、購買材料從供貨單位取得的「購貨發票」、銀行轉來的「收款通知」「付款通知」等。

自製原始憑證是指本單位內部具體經辦業務的部門和人員，在執行或完成某項經濟業務時所填製的原始憑證。如材料驗收入庫時的「收料單」、材料出庫時的「領料單」、銷售產品時開出的「銷貨發票」、產品完工入庫時的「產品入庫單」、報銷差旅費時的「差旅費報銷單」等。

第二，按填製次數不同，原始憑證可分為一次憑證和累計憑證和匯總憑證。

一次憑證是指在經濟業務發生時一次填製完成，用以記錄一項或若干項同類經濟業務的原始憑證，如「領料單」。如表 2-19 所示。

表 2-19　　　　　　　　　　　　　　領料單

領料單位：　　　　　　　　　　　　　　　　　　　　　　　　　編號：

領料用途：　　　　　　　　　年　月　日　　　　　　　　　　倉庫：

材料類別	材料編號	材料名稱	規格	數量		計量單位	單價	金額	第
				請領數	實領數				聯

發料人：　　　　審批人：　　　　領料人：　　　　　　　　記帳：

　　累計憑證是指在一定時期內連續多次記載若干項不斷重複發生的同類經濟業務，並於期末將其累計數作為記帳依據的原始憑證，一般為自製原始憑證。為了實行材料定額控制而設計的「限額領料單」。「限額領料單」一式數聯（一般一式三聯），其中一聯交倉庫據以發料。每次領料時，應在單中填明請領數量，由領料單位負責人簽章後，向材料倉庫領料。倉庫發料後，應將實發數量和發料後的限額結餘填入限額領料單中，並由領料和發料雙方簽章。月末時計算出實際領用數量和金額。限額領料單的格式如表 2-20 所示。

表 2-20　　　　　　　　　　　　　　限額領料單

領料單位：　　　　　　　　　　　　　　　　　　　　　　　　憑證編號：

領料用途：　　　　　　　　　201×年×月　　　　　　　　　發料倉庫：

材料類別	材料編號	材料名稱	材料規格	計量單位	全月領用限額	全月實領			備註
						數量	單價	金額	

領料日期	請領		實發			退庫		限額結餘
	數量	領料部門負責人	數量	領料人	發料人	數量	退庫單編號	

供應部門負責人：　　　　生產計劃部門負責人：　　　　　倉庫負責人：

　　匯總憑證，也稱原始憑證匯總表，是根據一定時期內若干張反應同類經濟業務的原始憑證匯總編製而成的憑證。例如根據一個月內所有的「收料單」或「發料單」分別匯總編製的「收料憑證匯總表」或「發料憑證匯總表」。

　　（2）記帳憑證

　　記帳憑證是財會部門根據審核無誤后的原始憑證或原始憑證匯總表填製的，記載

經濟業務簡要內容，確定會計分錄，作為記帳依據的會計憑證。

記帳憑證亦稱分錄憑證，又稱記帳憑單，記帳憑證可以按不同標準分類。

第一，記帳憑證按其反應的經濟內容不同，可分為收款憑證、付款憑證和轉帳憑證三種。

收款憑證是專門用來記載庫存現金和銀行存款增加業務的記帳憑證，如表 2-21 所示。具體可分為庫存現金收款憑證和銀行存款收款憑證。

表 2-21　　　　　　　　　　　收款憑證
借方科目：　　　　　　　　　　年　月　日　　　　　　　收字第　號

摘要	貸方科目		金額	記帳
	一級科目	二級或明細科目		
合計				

附件　張

會計主管：　　　記帳：　　　出納：　　　審核：　　　填製：

付款憑證是專門用來記載庫存現金和銀行存款減少業務的記帳憑證，如表 2-22 所示。具體可分為庫存現金付款憑證和銀行存款付款憑證。

表 2-22　　　　　　　　　　　付款憑證
貸方科目：　　　　　　　　　　年　月　日　　　　　　　付字第　號

摘要	借方科目		金額	記帳
	一級科目	二級或明細科目		
合計				

附件　張

會計主管：　　　記帳：　　　出納：　　　審核：　　　填製：

轉帳憑證是用於不涉及庫存現金和銀行存款收付業務的其他轉帳業務所用的記帳憑證，如表 2-23 所示。

表 2-23　　　　　　　　　　　轉帳憑證
　　　　　　　　　　　　　　　年　月　日　　　　　　　轉字第　號

摘要	一級科目	二級或明細科目	借方金額	貸方金額	記帳
合計					

附件　張

會計主管：　　　記帳：　　　審核：　　　填製：

上述收款憑證、付款憑證和轉帳憑證，稱為專用記帳憑證。有些經濟業務比較簡單或收付款業務不多的單位，可以使用一種通用格式的記帳憑證。這種記帳憑證可用於反應收付款業務，又可用於反應轉帳業務，其格式與轉帳憑證相似，稱為通用記帳憑證。

第二，按照填製方式不同，記帳憑證可分為單式記帳憑證和復式記帳憑證兩種。

單式記帳憑證是在每張憑證上只填列一個帳戶名稱，而對應帳戶的名稱僅作參考，不據以記帳的憑證。填列借方帳戶的稱為借項記帳憑證，填列貸方帳戶的稱為貸項記帳憑證。一項經濟業務涉及幾個帳戶，就分別填製幾張憑證，並採用一定的編號方法將它們聯繫起來。

其優點是：內容單一、便於按科目匯總，有利於記帳工作的分工。其缺點是：填製的工作量相對較大，而且在一張憑證上不能完整地反應經濟業務的全貌，不便於分析考核，出現差錯，也不便於查找。單式記帳憑證的格式如表2－24、表2－25所示。

表 2 - 24　　　　　　　　　（單位名稱）借項記帳憑證

對應科目：　　　　　　　　　　　年　月　日　　　　　　　　編號

摘要	一級科目	二級或明細科目	金額	記帳	附件　張

會計主管：　　　記帳：　　　復核：　　　出納：　　　填製：

表 2 - 25　　　　　　　　　（單位名稱）貸項記帳憑證

對應科目：　　　　　　　　　　　年　月　日　　　　　　　　編號

摘要	一級科目	二級或明細科目	金額	記帳	附件　張

會計主管：　　　記帳：　　　復核：　　　出納：　　　填製：

復式記帳憑證是在每張憑證上填列一筆會計分錄的全部帳戶名稱的憑證。其優點是：能完整地反應一筆經濟業務的全貌，便於憑證的分析和審核，減少填製憑證的工作量。其缺點是：不便於分工記帳，也不便於科目匯總。上述收款憑證、付款憑證、轉帳憑證均為復式記帳憑證。

2.3.2　原始憑證的填製和審核

（1）原始憑證的基本內容

原始憑證是用來記錄經濟業務發生或完成情況的，而經濟業務又是多種多樣的，因此，用來反應經濟業務具體內容的原始憑證也是多種多樣的。但每一種原始憑證都必須客觀地、真實地記錄和反應經濟業務的發生、完成情況，都必須明確有關單位、部門及人員的經濟責任。這些共同的要求，決定了每種原始憑證都必須具備以下幾方

面的基本內容：

　　第一，原始憑證的名稱。

　　第二，填製憑證的日期和憑證的編號。

　　第三，填製憑證單位的名稱或填製人姓名。

　　第四，經辦人員的簽名或蓋章。

　　第五，經濟業務的內容、數量、計量單位、單價和金額。

　　第六，接受憑證單位的名稱。

　　有些原始憑證，不僅要滿足會計工作的需要，還應滿足其他管理工作的需要。因此，在有些憑證上，除上述基本內容外，還應增加一些補充項目。例如，要註明與該筆經濟業務有關的合同號碼、結算方式、幣別、匯率等。

　　(2) 原始憑證的填製

　　原始憑證是根據經濟業務活動的執行和完成情況來填製，並具有法律效力的原始證明文件，是進行會計核算的依據。為了保證原始憑證能夠正確、及時、清晰地反應各項經濟業務活動的真實情況，提高會計核算的質量，原始憑證的填寫必須符合下列基本要求：

　　第一，真實可靠，手續完備。

　　內容必須真實可靠。對經濟業務發生情況應如實地進行記錄，不得弄虛作假。經辦人員和有關部門的負責人都要在憑證上簽字或蓋章，對憑證的真實性、正確性負責。從外單位取得的原始憑證，必須有填製單位的公章或專用章；從個人取得的原始憑證，必須有填製人簽名或蓋章。自製原始憑證，必須有部門負責人和經辦人員的簽名或蓋章，對外開出的原始憑證，必須加蓋本單位的公章或有關部門的專用章。

　　第二，內容完整，書寫清楚。

　　要求嚴格按規定的格式和內容逐項填寫經濟業務的完成情況。所有的項目必須填寫齊全，不得省略或漏填。各項目要填寫清晰，特別是文字說明應字跡工整，簡單明瞭。阿拉伯數字要逐個填寫，不得連寫；金額前要冠以幣種符號（如「￥」、HK$、US$ 等），中間不留空位，元以后寫到角、分，無角、分的要以「0」補位，大寫金額最后為「元」或「角」的應加寫「整」「正」字斷尾。一式幾聯的原始憑證可用藍、黑色圓珠筆復寫（憑證本身具備復寫紙功能的除外），但各聯字跡必須清晰，易於辨認。

　　第三，連續編號，及時填製。

　　各種憑證應在經濟業務發生時及時填製，不得拖延，連續編號，以備查考。對填錯的原始憑證，必須按規定的方法進行更正，不得隨意塗改、刮擦、挖補。但提交銀行的各種結算憑證的大小寫一律不得更改，如果填寫錯誤，應加蓋「作廢」戳記，重新填寫。作廢憑證應連同存根一起妥善保管，不得撕毀。

　　(3) 原始憑證的審核

　　中國《會計法》第二章第十四條規定：「會計機構、會計人員必須按照國家統一的會計制度的規定對原始憑證進行審核，對不真實、不合法的原始憑證有權不予接受，並向單位負責人報告；對記載不準確、不完整的原始憑證予以退回，並要求按照國家統一的會計制度的規定更正、補充。」為了正確反應經濟業務的發生或完成情況，充分發揮會計的監督作用，保證原始憑證的真實和它所反應經濟業務的合法、合理性，必

須對其進行嚴格的審核。原始憑證的審核主要從以下三個方面進行：

第一，真實性審核。

審核原始憑證的真實性，就是審核原始憑證及所記載的經濟業務是否真實，有無偽造現象。

第二，合法、合理、合規性審核。

根據有關政策、法令、制度、合同、預算和計劃，審核經濟業務活動是否合法、合理、合規，是否符合有關財經紀律、法規、制度等的規定，有無弄虛作假、違法亂紀、貪污舞弊等行為；審核經濟活動的內容是否符合規定的審核權限和手續，是否符合規定的開支標準，是否符合勤儉節約的原則等。

第三，完整性審核。

審核原始憑證的填製是否符合規定的要求，如項目是否填寫齊全，數字計算是否準確，大、小寫金額是否相符，有無塗改，數字和文字書寫是否清晰，填製單位及有關經辦人員簽名、蓋章是否齊全等。

審核原始憑證是一項政策性、業務性很強，十分細緻的工作，因此，要求會計人員既要熟悉有關財經政策、法規、制度，又要瞭解本單位的生產經營情況。同時，又要求會計人員做到認真、細緻、逐項進行審核；堅持原則、堅持制度、履行職責。在審核中，對內容不完整、手續不全、書寫不清、計算有錯的原始憑證，應退回有關部門和人員，及時補辦手續或進行更正；對違法收支不予制止和糾正，又不向單位領導人提出書面意見的，也應當承擔相應責任；對嚴重違法、損害國家和社會公眾利益的收支應向主管單位或者財政、審計、稅務機關報告，接到報告的機關應當負責處理。

2.3.3　記帳憑證的填製和審核

記帳憑證是會計人員根據審核無誤的原始憑證進行歸類整理、按復式記帳的要求而編製的，是登記帳簿的直接依據。

（1）記帳憑證的基本內容

企業經濟業務種類繁多、內容各異，因而用來反應經濟業務內容的記帳憑證在具體格式上也就存在一些差異。各單位依據自身經濟業務的特點，可設計、使用不同格式的記帳憑證。但所有的記帳憑證都應滿足記帳的要求，具備以下一些基本內容：

第一，記帳憑證的名稱。

第二，填製單位的名稱。

第三，填製憑證的日期和憑證的編號。

第四，經濟業務的內容摘要。

第五，帳戶名稱（包括二級帳戶和明細帳戶）、記帳符號和金額（即會計分錄）。

第六，附件張數。即所附原始憑證的張數。

第七，有關人員簽章。即填製憑證人員、稽核人員、記帳人員、會計主管、單位負責人等簽名或蓋章。

（2）記帳憑證的填製

記帳憑證是進行會計處理的直接依據，記帳憑證的填製除了遵循原始憑證填製時

的一般要求外,還必須注意遵守以下一些基本要求:

第一,記帳憑證的填製必須以審核無誤的原始憑證為依據,除期末轉帳和更正錯誤的記帳憑證外。

第二,摘要填寫要簡明扼要。既要防止簡而不明又要充分說明經濟業務的主要內容。

第三,準確填寫會計分錄。會計分錄是記帳憑證記載的重要內容,要求做到正確無誤,必須按會計制度統一規定的會計科目填寫,不得任意簡化或改動,明細科目名稱也要如實、正確填寫;帳戶對應關係要清晰明確,以便反應經濟業務的來龍去脈。因此,一張記帳憑證只能記錄一項經濟業務或匯總記錄同一類經濟業務,不得把不同類型的經濟業務記錄在同一張記帳憑證上;金額計算要正確。

第四,記帳憑證應連續編號。採用通用格式記帳憑證,則憑證的編號可採用順序編號法,即將所有的記帳憑證按日期順序編號,即每月從第一號編起;採用專用格式記帳憑證的,可按憑證類別分類編號,即採用按字順序編號法。對收款、付款、轉帳三類業務,分別按「收」「付」「轉」字順序編號,每月從「收字第1號」「付字第1號」「轉字第1號」編起;如果收、付款業務需按現金、銀行存款收、付款業務分別反應的,則按字順序編號法可具體編號為:「現收字第××號」「銀收字第××號」「現付字第××號」「銀付字第××號」「轉字第××號」;如果一筆經濟業務需填製一張以上記帳憑證時,可採用分數編號法。如某項轉帳業務需填製三張記帳憑證,憑證的順序號為「9」時,則填製的三張記帳憑證的編號分別為「轉字第 $9\frac{1}{3}$ 號」「轉字第 $9\frac{2}{3}$ 號」「轉字第 $9\frac{3}{3}$ 號」。分數中分母為該筆經濟業務填製的記帳憑證總張數,分子表示在總張數中屬第幾張憑證。採用上述編號方法進行編號,到月末時,應在最後一張記帳憑證的編號旁加註「全」字,以便憑證散失。

第五,註明附件張數。記帳憑證的附件即原始憑證,要認真查對、整理並附在記帳憑證的后面,同時在記帳憑證上註明所附原始憑證的張數。如兩張或兩張以上的記帳憑證依據同一原始憑證,則應在未附原始憑證的記帳憑證上註明:原始憑證×張,附於第××號記帳憑證之后。

第六,記帳憑證上必須有填製人員、審核人員、記帳人員和會計主管簽章。對收款憑證和付款憑證,必須先審核后辦理收付款業務。出納人員應在有關憑證上簽章,以明確經濟責任。對已辦妥收款或付款的憑證和所附的原始憑證,出納人員要當即加蓋「收訖」或「付訖」戳記,以免重收、重付。

需要注意:涉及現金和銀行存款之間互轉的業務,一般只填製付款憑證,不填收款憑證,以免重複記帳。

(3) 記帳憑證的審核

記帳憑證是根據審核無誤的原始憑證填製的,是登記帳簿的依據。為了保證帳簿記錄的準確性,記帳前必須對已編製的記帳憑證由專人進行認真、嚴格的審核。審核的內容主要有以下幾方面:

第一，對所附原始憑證進行復核。按原始憑證審核的要求，對所附的原始憑證進行復核。

第二，記帳憑證所附的原始憑證是否齊全，是否同所附原始憑證的內容相符，金額是否一致等。對一些需要單獨保管的原始憑證和文件，應在憑證上加註說明。

第三，憑證中會計科目使用是否正確；帳戶的對應關係是否清晰；借、貸帳戶的金額是否相等；核算的內容是否符合會計制度的規定等。

第四，記帳憑證的內容是否填寫齊全，有關人員是否都已簽章等。

在審核中如發現記帳憑證填製有錯誤，應查明原因，予以重新填製或按規定的方法（劃線更正法）及時更正。只有經過審核無誤的記帳憑證，才能據以登記帳簿。

2.3.4 會計憑證的傳遞和保管

（1）會計憑證的傳遞

會計憑證的傳遞，是指會計憑證從填製或取得起，經過審核、記帳、裝訂到歸檔保管為止，在本單位內部有關部門和人員之間，按照規定的路線、時間進行傳遞、處理的程序。

正確、合理地組織會計憑證的傳遞，有利於有關部門和人員及時瞭解經濟業務信息、有效組織經濟活動，便於有關部門和個人分工協作，相互牽制，加強崗位責任制，有利於實現會計監督與提高工作效率，保證會計工作有條不紊地進行。

由於企業生產經營的組織不同，經濟業務的內容各異，企業管理的要求也不盡相同。在會計憑證的傳遞中，應根據具體情況，確定每一種憑證的傳遞程序和方法。

會計憑證的傳遞應規定合理的傳遞程序、傳遞時間和傳遞過程中的交接手續。

首先，確定合理的會計憑證傳遞程序。各單位應根據經濟業務的特點、機構設置和人員分工情況，明確會計憑證填製的聯數和傳遞程序。既要保證會計憑證所經過必要環節進行處理和審核，使得有關部門和人員及時瞭解經濟業務的情況，同時要避免憑證傳遞經過不必要的環節，以提高工作效率。

其次，規定會計憑證的傳遞時間。根據會計憑證的傳遞程序，規定憑證在每個環節上的停留時間。在不影響會計工作質量的前提下，盡量節約憑證傳遞時間，切忌拖延和積壓會計憑證。

最后，嚴格憑證交接手續。會計憑證傳遞過程中的交接手續，應該做到既完備嚴密又簡便易行。憑證的收發、交接都應按一定的手續辦理，以保證會計憑證的安全和完整。

（2）會計憑證的保管

各種會計憑證在辦理各項業務手續並據以記帳后，最終應由會計部門按《會計檔案管理辦法》的規定，加以整理、歸類、編號，並妥為保管。

會計憑證是各項經濟活動的歷史記錄，是重要的經濟檔案。為了防止散亂丟失，保證會計憑證的安全和完整，必須認真負責地加以整理，妥善保管，以便日后查閱。

① 會計憑證的整理歸類

第一，每月記帳完畢，應將本月的各種記帳憑證，連同所附原始憑證和原始憑證

匯總表，按類別、編號順序整理，定期裝訂成冊，並加具封面、封底，註明單位名稱、憑證種類、所屬年月和起訖日期、起訖號碼、憑證張數等。為防止任意拆裝，應在裝訂處貼上封簽，並由經辦人員在封簽處加蓋騎縫章。

第二，對一些性質相同、數量很多或各種隨時需要查閱的原始憑證，可以單獨裝訂保管，在封面上寫明記帳憑證的日期、編號、種類，同時在記帳憑證上註明「附件另訂」。

第三，各種經濟合同和重要的涉外文件等憑證，應另編目錄，單獨登記保管，並在有關原始憑證和記帳憑證上註明。

② 會計憑證的造冊歸檔

會計憑證裝訂成冊后，應有專人負責分類保管。一般在年度終了應移交檔案室歸檔，按年月順序排列，集中保管，以確保其安全和完整。會計憑證的保管期限和銷毀手續，應嚴格按照《會計檔案管理辦法》進行管理。

③ 會計憑證的借閱

會計憑證歸檔後需要查閱時，必須辦理查閱手續；若需要使用某項會計憑證時，經本單位負責人批准後可以複製，原則上不得借出；如有特殊需要，報請批准後方可借出，但不得拆卸，並應在規定的期限歸還；同時借閱人員和提供人員必須在借查閱登記簿上共同簽章。

2.4　會計帳簿

2.4.1　會計帳簿的意義和種類

（1）設置和登記會計帳簿的意義

會計帳簿是由具有一定格式、相互聯結的帳頁所組成，以會計憑證為依據，序時、分類、連續、系統、全面地記錄和反應各項經濟業務的簿籍。簿籍是帳簿的外表形式，帳戶記錄才是帳簿的內容。設置和登記會計帳簿是會計核算的一種專門方法。

設置和登記會計帳簿是會計工作的重要環節，各單位通過會計憑證的填製和審核，可將每日發生的經濟業務記錄和反應在會計憑證上。但會計憑證數量多、資料分散，每張憑證只能記載個別的經濟業務，所提供的資料是零星的。既不能連續、系統、全面地反應和監督一個單位在一定期間內發生的同一類和全部經濟業務的完成情況，也不便於日後查閱使用，因此，為了便於瞭解單位在某一期間內的全部經濟活動情況，需要把會計憑證所記載的大量分散的資料加以分類、整理，必需設置和登記會計帳簿，借以取得經營管理上所需的各種會計核算資料。

設置和登記會計帳簿，對於提高企業經營管理水平、加強經濟核算，具有十分重要意義。主要表現在以下三個方面：

第一，帳簿是系統地歸納和累積會計資料的工具。通過設置和登記帳簿，可以對全部經濟業務按照不同的性質進行歸類和匯總，使分散的資料進一步系統化。

第二，帳簿是會計報表資料的主要來源。正確設置和登記帳簿，可為編製各種會計報表提供系統的會計核算資料，有利於正確編製會計報表。

第三，帳簿為開展財務分析、會計檢查等提供依據。正確設置和登記帳簿，可為計算成本、費用、利潤等提供詳細資料，便於考核單位計劃、預算的完成情況，有利於開展財務分析、會計檢查和監督工作。

（2）會計帳簿的種類

會計帳簿的種類較多，可按照不同的標誌進行適當的分類，以便正確設置和運用會計帳簿。

① 帳簿按用途分類

帳簿按用途分類，可以分為序時帳簿、分類帳簿和備查帳簿。

序時帳簿。序時帳簿也稱日記帳，是按照經濟業務發生和完成的時間先后順序，逐日逐筆登記經濟業務的帳簿。序時帳簿按其記錄的經濟業務內容不同可分為普通日記帳和特種日記帳。其中，普通日記帳用來逐日逐筆記錄全部經濟業務，而特種日記帳只對某一特定種類的經濟業務按其發生時間的先后順序逐日、逐筆登記。在實際工作中應用比較廣泛的是特種日記帳，例如「庫存現金日記帳」「銀行存款日記帳」和「轉帳日記帳」。

分類帳簿。分類帳簿是對全部經濟業務進行分類登記的帳簿。按其反應內容的詳細程度不同，又可分為總分類帳（也稱總帳）和明細分類帳（也稱明細帳），總帳是按總分類帳戶開設的，用以分類核算與監督各項資產、負債、所有者權益、費用、成本和收入等總括核算資料的帳簿；明細帳是按明細分類帳戶開設的，用來分類登記某類經濟業務詳細情況，提供明細核算資料的帳簿。

備查帳簿。備查帳簿也稱輔助帳，是對在序時帳和分類帳中未能反應和記錄的事項進行補充登記的帳簿，所以備查帳簿也稱為補充登記簿，主要用來記錄一些供日後查考的有關經濟事項，如「租入固定資產登記簿」「應收票據登記簿」等。備查帳簿的設置視企業的實際需要而定，並非一定設置。

② 帳簿按外表形式分類

帳簿按外表形式的不同，可分為訂本式帳簿、活頁式帳簿和卡片式帳簿。

訂本式帳簿。訂本式帳簿是在啟用前進行順序編號並固定裝訂成冊的帳簿。其優點是：既可防止帳頁散失，也可防止抽換帳頁。因此訂本式帳簿一般用於具有統馭性的、比較重要的帳簿，如總分類帳、現金日記帳和銀行存款日記帳等。其缺點是：帳頁固定后，不便於分工記帳，也不能根據記帳需要增減帳頁。

活頁式帳簿。活頁式帳簿是把帳頁裝訂在帳夾內，可以隨時增添或取出帳頁的帳簿。其優點是：可以根據需要增添或重新排列帳頁，並且可以組織同時分工記帳；其缺點是：帳頁容易丟失和被抽換。這種帳簿可以根據需要增減或重新排列帳頁，並且可以同時分工記帳，但帳頁容易丟失或被抽換。採用活頁帳，平時應按帳頁順序編號，並在會計期末裝訂成冊，裝訂完畢后，應按實際帳頁數順序編號，並加目錄。這種帳簿主要用於一般的明細分類帳。

卡片式帳簿。卡片式帳簿是由專門格式、分散的卡片作為帳頁組成的帳簿。這種帳簿一般用卡片箱裝置，可以隨取隨放，使用比較靈活，反應的內容比較具體詳細，

不需要每年更換帳頁，可跨年度使用。「固定資產明細帳」「低值易耗品明細帳」一般都採用這種形式。

2.4.2 會計帳簿的設置

（1）會計帳簿的設置原則

會計帳簿的設置，包括確定帳簿的種類、設計帳頁的格式、內容等。

各單位應根據經濟業務的特點和管理要求，科學、合理地設置帳簿。帳簿的設置要組織嚴密、層次分明。帳簿之間要互相銜接、互相補充、互相制約，以便提供完整、系統的資料。因此會計帳簿的設置應遵循以下基本原則：

第一，依法設置會計帳簿。各單位都必須依據會計法和國家統一的會計制度設置會計帳簿，組織會計核算。

第二，必須根據本單位經濟活動和經營管理的需要來確定設置帳簿，帳簿的內容要完整，帳簿體系要科學嚴密。

第三，設置帳簿的帳頁格式要滿足實際需要，簡便實用。

（2）帳簿的基本內容

在實際工作中，帳簿的格式是多種多樣的，不同格式的帳簿所包括的具體內容也不盡相同。但各種主要帳簿都應具備以下基本要素：

① 封面。主要標明帳簿的名稱，如總分類帳、材料明細帳、庫存現金日記帳等。

② 扉頁。扉頁主要列示帳戶目錄及帳簿使用登記表，具體包括帳簿名稱、編號、帳簿啟用的日期和截止日期、頁數、冊數、經管人員姓名及交接日期、主管會計人員簽章、帳戶目錄等。

③ 帳頁。帳頁是帳簿中用來具體記錄經濟業務的部分，其格式因帳簿的類別和記錄的經濟內容不同而有所不同，但基本內容應該包括：

第一，帳戶名稱（填寫總帳科目或明細科目）；

第二，日期欄（填寫記帳憑證的日期）；

第三，憑證種類及號數欄（填寫記帳憑證的種類和編號）；

第四，摘要欄（填寫經濟業務的簡要說明）；

第五，金額欄（填寫項目的增減金額及余額）；

第六，頁次（填寫該帳頁的順序號碼）。

2.4.3 序時帳簿的設置與登記

2.4.3.1 普通日記帳的格式與登記方法

普通日記帳，也稱通用日記帳。普通日記帳是序時地登記全部經濟業務的日記帳。它是根據企業日常發生的經濟業務所取得的原始憑證逐日逐筆順序登記，這樣可以不再填製記帳憑證，起到記帳憑證的作用，因此，普通日記帳也稱「分錄簿」。由於其基本格式只有兩個金額欄，因此又稱為「兩欄式」日記帳。除了這兩欄外，還包括日期欄、摘要欄、帳戶名稱欄、過帳備查欄。其格式如表 2-26 所示。

表 2-26　　　　　　　　　　　普通日記帳

第 × 頁

201×年		憑證號數	摘要	對應帳戶	金額		過帳
月	日				借方	貸方	

普通日記帳的登記方法如下：

（1）日期欄。填寫經濟業務發生的日期。其中年度、月份只在年度、月份開始或更換帳頁時填寫。

（2）摘要欄。簡明扼要地寫明每一項經濟業務的內容。

（3）帳戶名稱欄。必須寫明應借、應貸帳戶的名稱和金額。

（4）過帳欄。每日根據日記帳應借、應貸帳戶的名稱和金額逐筆過入分類帳後，應將所過入的分類帳的頁碼記入過帳欄，或作過帳的標記，如「√」，以備查考。

普通日記帳的優點是全面地、連續地反應經濟業務的發生和完成情況，為過入分類帳做好準備。普通日記帳不利於記帳分工，不利於登帳，工作量較大，難以比較清晰地反應各類經濟業務的情況，因此中國各單位一般都不設置普通日記帳。

2.4.3.2　特種日記帳的格式與登記方法

特種日記帳，是專門用來序時記錄特定經濟業務發生情況的日記帳。特種日記帳的格式主要有三欄式和多欄式兩種。

在會計實務中，各單位可根據自身的業務特點設置不同種類的特種日記帳。常用的特種日記帳主要有現金日記帳和銀行存款日記帳。

（1）現金日記帳

現金日記帳，是用來逐日反應庫存現金的收入、支出和結存情況的特種日記帳。現金日記帳必須採用訂本式帳簿。其帳頁格式一般採用三欄式，也可採用多欄式。

三欄式現金日記帳。三欄式現金日記帳主要設有收入、支出、結余三個欄目，其具體格式見表 2-27。

表 2-27　　　　　　　　　　　現金日記帳

第 × 頁

201×年		憑證號數	摘要	對應帳戶	收入	支出	結余
月	日						
×	1		期初余額				

三欄式現金日記帳一般是由出納人員根據審核無誤的現金收款憑證、現金付款憑證、銀行存款付款憑證逐日逐筆順序記入有關各欄次。其具體登記方法如下：

① 「日期欄」和「憑證字號欄」必須與記帳憑證一致。
② 「摘要欄」簡明扼要地寫明庫存現金收付款的原因。
③ 「對方科目欄」應根據記帳憑證的對應關係填列。
④ 「收入欄」應根據現金收款憑證進行登記，但從銀行提取現金的收入數，由於只編製銀行存款的付款憑證，因而應根據銀行存款付款憑證進行登記。
⑤ 「付出欄」應根據現金付款憑證進行登記。

必須注意：現金日記帳的登記應日清月結，不得數日合併登記。每日終了，應分別計算出每天現金收入和支出的合計數並結出余額，再與當天的庫存現金數額進行核對，以保證帳實相符。

其計算公式如下：

$$本日余額 = 上日余額 + 本日收入數 - 本日支出數$$

（2）銀行存款日記帳

銀行存款日記帳，是用來逐日逐筆反應銀行存款的增減變化和結余情況的帳簿。銀行存款日記帳的格式也有三欄式和多欄式，其基本結構與現金日記類同。由於銀行存款的收付，都是根據特定的結算憑證進行的，為了反應結算憑證的種類、號數，特設有「結算憑證—種類、號數」欄。三欄式銀行存款日記帳的格式，如表2－28所示。多欄式銀行存款日記帳是在三欄式銀行存款日記帳的基礎上轉化而來的，就是將三欄式中的「收入」欄和「支出」欄分別按照對應科目設置若干專欄，即將「收入」欄按貸方科目設置若干專欄，「支出」欄按借方科目設置若干專欄，並加設收入合計欄和支出合計欄。月末，分別加計各欄數，計算期末余額。多欄式特種日記帳能夠反應貨幣資金的收入來源和支出去向；瞭解貨幣資金收支的詳細狀況，而且便於分析、匯總對應帳戶的發生額，對應關係清晰。多欄式銀行存款日記帳見表2－38。

表2－28　　　　　　　　　　銀行存款日記帳

第×頁

201×年		憑證號碼	摘要	結算憑證		對應帳戶	借方	貸方	余額
月	日			種類	號數				
5	1			期初余額					

銀行存款日記帳是根據銀行存款收款憑證、銀行存款付款憑證、現金付款憑證逐筆順序登記。但將現金送存銀行的收入數，由於只編製現金的付款憑證，因而應根據

現金付款憑證登記其收入數；其登記方法與庫存現金日記帳的登記方法基本相同。每日終了，應分別計算出每天銀行存款收入和支出的合計數並結出餘額，定期與銀行對帳單核對，以保證帳帳相符。

2.4.4　分類帳的設置和登記

（1）總分類帳的格式與登記方法

分類帳有總分類帳和明細分類帳兩類。

總分類帳也稱總帳，是按總分類帳戶（會計科目）進行分類登記的帳簿。總分類帳能全面、總括地反應和記錄經濟業務引起的資金運動和財務收支情況，並為編製會計報表提供數據。因此，每一單位都必須設置總分類帳帳簿。

總分類帳必須採用訂本帳，其格式一般採用三欄式，只能使用貨幣作為計量指標。三欄式總分類帳的格式如表 2-29 所示。

表 2-29　　　　　　　　　　　　總分類帳

會計科目：　　　　　　　　　　　　　　　　　　　　　　　　第　頁

201×年		憑證號	摘要	借方金額	貸方金額	借或貸	金額
月	日						
5	1		期初余額				

登記總帳的方法，由於各單位採用的帳務處理程序不同而有所不同。它可以直接根據收款憑證、付款憑證和轉帳憑證，按經濟業務發生時間的先後順序逐筆登記，也可以通過一定的匯總記帳憑證方式按期或分次匯總登記。具體方法將在本章第 5 節結合有關帳務處理程序詳細介紹。

（2）明細分類帳的格式與登記方法

明細分類帳也稱明細帳，是根據總帳科目所屬的明細科目設置，用以記錄某一類經濟業務明細核算資料的分類帳。明細分類帳是根據記帳憑證及其所附的原始憑證登記，一般採用活頁式帳簿或卡片式帳簿，其格式一般有三欄式、數量金額式和多欄式三種。

① 三欄式明細帳

三欄式明細分類帳的基本結構為「借方」「貸方」「余額」三欄，一般適用於只需進行金額核算的帳戶，如應收帳款、應付帳款、短期借款、實收資本等明細帳。其格式如表 2-30 所示。

表2-30　　　　　　　　　　　　××明細帳

二級或明細科目：　　　　　　　　　　　　　　　　　　　　　第　　頁

201×年		憑證號	摘要	借方金額	貸方金額	借或貸	金額
月	日						
5	1		期初余額				

　　三欄式明細分類帳的登記方法是：根據有關記帳憑證逐筆進行借方、貸方金額登記，而后結出余額。如為借方余額，在「借或貸」欄目中填寫「借」字；如為貸方余額，在「借或貸」欄目中填寫「貸」字。

　　② 數量金額式明細分類帳

　　數量金額式明細分類帳的帳頁，基本結構為「收入」「發出」和「結存」三欄，在「收入」「發出」和「結存」三欄內，每欄再分設「數量」「單價」和「金額」三欄，一般適宜既進行數量核算又進行金額核算的財產物資明細帳，如「原材料」「庫存商品」等的明細分類核算，其格式如表2-31所示。

表2-31　　　　　　　　　　　　××明細帳

會計科目：　　　　　　　　　　　　　　　　　　　　　　　　第　　頁

201×年		憑證號碼	摘要	收入			發出			結存		
月	日			數量	單價	金額	數量	單價	金額	數量	單價	金額
5	1		期初余額									

　　數量金額式明細分類帳的登記方法：根據記帳憑證及其所附的財產物資收入、發出的原始憑證或原始憑證匯總表分別進行「收入」欄、「發出」欄的登記。如根據材料的「收料單」原始憑證可以登記材料明細帳的「收入」欄，根據「發料單」可以登記「發出」欄；而后計算出「結存」欄的數量、單價、金額。

　　③ 多欄式明細分類帳

　　多欄式明細分類帳是根據經濟業務的特點和經營管理的需要，在一張帳頁內按有關明細項目分設若干專欄，以在同一張帳頁上集中反應各有關明細項目的詳細資料。多欄式明細分類帳，一般用於「生產成本」「製造費用」「管理費用」「銷售費用」等有關科目的明細核算。其格式如表2-32所示。

表 2-32　　　　　　　　　　　××明細帳

產品品種：　　　　　　　　　　　　　　　　　　　　　　　　　　　　第　　頁

201×年		憑證號碼	摘要	合計	借方（成本項目）			
月	日				直接材料	直接人工	其他直接費用	製造費用
5	1		期初余額					

多欄式明細分類帳的登記方法與三欄式明細分類帳的登記方法基本相同，根據記帳憑證及其所附的原始憑證進行登記。

2.4.5 登記帳簿的規則

2.4.5.1 帳簿的啟用規則

登記帳簿（簡稱記帳或過帳）是會計核算的一項重要的基礎工作。為了保證會計核算的質量，必須遵守記帳的一般規則。

帳簿是各企業、機關和事業單位的重要經濟檔案，為了保證帳簿記錄的合法性、合理性，保證帳簿資料的完整性，防止舞弊行為，明確記帳責任，會計人員啟用新的會計帳簿時，應按要求在帳簿的扉頁認真填製「帳簿啟用表和經管人員一覽表」，如表2-33 所示。詳細載明：單位名稱、帳簿名稱、帳簿編號、帳簿冊數、帳簿共計頁數、啟用日期、單位公章、經管人員（包括企業負責人、主管會計、復核和記帳人員），並應載明姓名並加蓋印章。經管帳簿的會計人員在調動工作或因故長期離職時，必須辦理交接和監交手續，並在表內註明交接日期，交接雙方和會計主管人員的姓名，由移交人、接管人和會計主管人員分別蓋章，以明責任。

表 2-33　　　　　　　　　　帳簿啟用和經管人員一覽表

帳簿名稱：　　　　　　　　　　　　　　　　　　　　　　　　單位名稱：
帳簿編號：　　　　　　　　　　　　　　　　　　　　　　　　帳簿冊數：
帳簿頁數：　　　　　　　　　　　　　　　　　　　　　　　　啟用日期：
會計主管（簽章）　　　　　　　　　　　　　　　　　　　　　記帳人員（簽章）

移交日期			移交人		接管日期			接管人		會計主管	
年	月	日	姓名	蓋章	年	月	日	姓名	蓋章	姓名	蓋章

啟用訂本式帳簿，應當從第一頁到最后一頁順序編寫頁數，不得跳頁、缺號。使用活頁式帳頁，應當按帳戶順序編號，並須定期裝訂成冊，裝訂後再按實際使用的帳

頁順序編寫頁碼，另加目錄，記錄每個帳戶的名稱和頁次。

2.4.5.2 登記帳簿的規則

登記帳簿時，一般應遵循以下原則：

(1) 為了保證帳簿記錄的準確性，必須根據審核無誤的會計憑證連續、系統地登記。登記帳簿時，應將會計憑證的日期、編號、摘要、金額等逐項登記入帳，做到數字準確、摘要簡明清楚、登記及時。

(2) 帳簿登記完畢，應在「過帳」欄內註明帳簿的頁數或做出「√」符號，表示已登記入帳，以免重登、漏登，也便於日後查閱、核對，並在記帳憑證上簽名或蓋章。

(3) 為了使帳簿記錄清晰，防止塗改，記帳時必須用鋼筆和藍黑墨水或碳素墨水書寫、不得使用圓珠筆（銀行的復寫帳簿除外）或鉛筆書寫。可以使用紅色墨水記帳的情況包括：衝銷錯誤記錄；在不設借貸等欄的多欄式帳頁中，登記減少數；在未印明余額方向的三欄式帳戶余額欄內登記負數余額；根據國家統一會計制度規定可以用紅字登記的其他會計分錄。

(4) 各種帳簿必須按事先編寫的頁碼，逐頁、逐行順序連續登記，不得隔頁、缺號、跳行，如不慎發生此種情況，應在空頁或空行處用紅色墨水對角劃線註銷，並註明「作廢」字樣，同時由經手人員和會計機構負責人（會計主管人員）在更正處蓋章。對各種帳簿的帳頁不得任意抽換和撕毀，以防舞弊。

(5) 「摘要」欄內的說明應簡明扼要，文字要規範，「金額」欄的數字應與帳頁上標明的位數對準，同時數字和文字一般應書寫在行距下方的1/2處，為更正錯誤留有余地。各帳戶結出余額后，應在「借或貸」欄內（「余額」方向欄）寫明「借」或「貸」。沒有余額的帳戶在「借或貸」欄內寫「平」字，在「余額」欄之位寫「0」。

(6) 每一帳頁登記完畢，應在帳頁的最末一行加計本頁發生額及余額，並在摘要欄內註明「過次頁」，同時在新帳頁的首行記入上頁加計的發生額和余額，並在摘要欄內註明「承前頁」，以便對帳和結帳。

(7) 帳簿記錄發生錯誤時，不得刮、擦、挖補、隨意塗改或用退色藥水更改字跡，應根據錯誤的情況，按規定的方法進行更正，應保持帳簿和字跡清晰、整潔。

2.4.5.3 更正帳簿錯誤的方法

帳簿記錄的錯誤，一經發現后，根據發生錯誤的情況，採用適當的方法立即更正。更正帳簿錯誤的方法一般有下列幾種：劃線更正法、紅字更正法和補充登記法三種。

(1) 劃線更正法

劃線更正法將原帳簿記錄上的錯誤的文字、數字用紅線劃掉，再用藍黑墨水或碳素墨水筆做出正確記錄的一種更正方法。這種方法適用於記帳憑證正確，在記帳或結帳過程中發現帳簿記錄中文字或數字有錯誤。更正時，先在錯誤的文字或數字（整個數字）上劃一紅線註銷，並使原來的字跡仍可辨認，然後在紅線上方空白處用藍字填上正確的文字或數字，並在更正處由記帳人員蓋章。對改正錯誤的數字一定要用紅線全部劃去，不能只改個別數字。如將5,800錯寫成8,500，應將8,500整個數字全部用紅線劃去，再在紅線上面空白處用藍字寫5,800予以更正。如果憑證中的文字或數字

發生錯誤，在尚未記帳（或過帳）前，也可用這種方法更正。

（2）紅字更正法

紅字更正法也叫赤字衝帳法或紅筆訂正法，用紅字衝銷原有錯誤帳戶名稱或數字以更正或調整原帳簿記錄的方法。這種方法適用於以下兩種情況：

第一種情況：記帳憑證中應借、應貸的帳戶名稱有錯誤並已登記入帳。

上述發生的錯誤，不論是結帳前還是結帳後，不論是金額錯誤還是分錄錯誤，都可採用此方法更正。更正時分兩步進行：第一步先用紅字金額填製一張內容與錯誤記帳憑證完全相同的記帳憑證，並在摘要中寫明「更正第×號憑證錯誤」，並據以用紅字金額登記入帳，衝銷原有的錯誤記錄；第二步，再用藍字重填一張正確的記帳憑證，登記入帳。

現舉例說明如下：

例如：某行政管理部門領用耗材2,000元。填製記帳憑證時，誤寫應借科目為「生產成本」，並已登記入帳。原錯誤分錄是：

借：生產成本　　　　　　　　　　　　　　　　　　　　　2,000
　　貸：原材料　　　　　　　　　　　　　　　　　　　　　　2,000

更正如下：

第一步：先用紅字填製一張內容與錯誤憑證完全相同的記帳憑證，在摘要欄中註明更正×字第×號憑證的錯誤，並用紅字登記入帳，衝銷原錯誤記錄。

①借：生產成本　　　　　　　　　　　　　　　　　　　　$\boxed{2,000}$①
　　貸：原材料　　　　　　　　　　　　　　　　　　　　　$\boxed{2,000}$

第二步：然后用藍字填製一張正確的記帳憑證並登記入帳。

②借：管理費用　　　　　　　　　　　　　　　　　　　　　2,000
　　貸：原材料　　　　　　　　　　　　　　　　　　　　　　2,000

然后分別將上述①②兩張記帳憑證登記入帳后，帳簿記錄的錯誤得以更正。

第二種情況：在記帳后發現記帳憑證中應借、應貸的帳戶名稱沒有錯誤，但所記金額大於應記金額。

更正時：可填製一張紅字金額記帳憑證，在「金額」欄中填列多記的數額，在「摘要」欄內註明「衝轉第×號憑證多記數」，並據以入帳，以衝銷原來多記的金額。

現舉例說明如下：

例如：收回前欠貨款7,000元，填製記帳憑證時，將金額誤記為70,000元，並已登記入帳。其錯誤分錄為：

借：銀行存款　　　　　　　　　　　　　　　　　　　　　70,000
　　貸：應收帳款　　　　　　　　　　　　　　　　　　　　70,000

更正如下：

---

① $\boxed{}$ 表示該項金額為紅字。

借：銀行存款　　　　　　　　　　　　　　　　63,000
　　貸：應收帳款　　　　　　　　　　　　　　　　63,000

將上述更正錯誤的記帳憑證記入有關帳戶后，原帳簿中的錯誤記錄使得到更正。

（3）補充登記法

補充登記法適用於記帳后發現記帳憑證中應借、應貸的帳戶名稱正確，但所填的金額小於應記金額的情況。對於這種錯誤，也可以採用紅字更正法更正。

採用補充登記法時，將少填的金額（即正確金額與錯誤金額之間的差額）用藍字填製一張記帳憑證，在「摘要」欄內註明「補記第×號憑證少計數」，並據以登記入帳，補充少記部分的金額。

現舉例說明如下：

例如：償還為期3個月的借款4,000元，編製記帳憑證時，將金額寫為400元，並登記入帳。其錯誤分錄為：

借：短期借款　　　　　　　　　　　　　　　　400
　　貸：銀行存款　　　　　　　　　　　　　　　　400

更正如下：

借：短期借款　　　　　　　　　　　　　　　　3,600
　　貸：銀行存款　　　　　　　　　　　　　　　　3,600

將上述更正錯誤的記帳憑證登記入帳后，原帳簿記錄就中的錯誤記錄就得到更正。

需要注意：在用紅字更正法和補充登記法更正錯誤時，在更正錯誤的記帳憑證上，應註明被更正記帳憑證的日期和編號，以便核對查考。

以上的錯帳更正方法在手工會計環境下都可以使用，但是在會計電算化環境下，劃線更正法就無法使用。在會計電算化環境下，我們可以用負數表示紅字，從而使用紅字更正法進行錯帳更正，也同樣可以使用補充登記法。

2.4.6 對帳和結帳

為了保證帳簿記錄的正確性，如實記錄企業、機關、事業單位等在一定會計期間經濟活動的發生情況，必須定期帳目結算與帳目核對，即進行結帳與對帳。具體內容詳見第九章第一節。

2.4.7 帳簿的更換與保管規則

（1）帳簿的更換

帳簿的更換，是指在會計年度終了時，將上年度的帳簿更換為次年度的新帳簿。

新一年會計年度開始時，應按會計制度的規定，更換一次總帳、日記帳和大部分明細帳。

更換帳簿時，應將上年度各帳戶的餘額直接記入新年度相應帳簿的同名帳戶中，並在舊帳簿中各帳戶年終餘額的「摘要」欄內註明「結轉下年」字樣，同時，在新帳簿中相關帳戶的第一行「摘要」欄內註明「上年結轉」字樣，並在「余額」欄內記入上年余額。

少部分明細帳還可以繼續使用，年初可不必更換帳簿。如固定資產明細帳等，因年度內變動不多，但在「摘要」欄內需註明「結轉下年」字樣，以劃分新舊年度之間的金額。

(2) 帳簿的保管

會計帳簿是會計工作的重要歷史資料，也是企業、機關、事業等單位重要的經濟檔案。在經營管理中具有重要作用。因此，每一個企業、機關、事業等單位都應按照國家有關規定，做好帳簿的管理工作。

帳簿的保管，應該明確責任，保證帳簿的安全和會計資料的完整。帳簿管理制度主要包括日常管理和歸檔保管兩部分內容。

① 會計帳簿的日常管理

會計帳簿的日常管理包括：第一，各種帳簿要分工明確，並指定專人管理，一般是誰負責登記，誰負責管理；第二，會計帳簿未經本單位領導或會計部門負責人允許，非經管人員不得翻閱、查看、摘抄和複製；第三，會計帳簿除特殊需要外，一律不準攜帶外出。對需要攜帶外出的帳簿，必須經本單位領導和會計部門負責人批准，並指定專人負責，不準交給其他人員管理，以保證帳簿安全和防止任意塗改帳簿等現象的發生；第四，在帳簿交接保管時，應將該帳簿的頁數、記帳人員姓名、啟用日期、交接日期等列表附在帳簿的扉頁上，並由有關方面簽字蓋章，防止交接手續不清和可能發生的舞弊行為。

② 會計帳簿的歸檔保管

各種帳簿應按年度分類歸檔，編製目錄，審查核對，整理立卷，裝訂成冊，歸檔由專人保管，嚴防丟失和損壞。既保證在需要時能迅速查閱，又保證各種帳簿的安全和完整。依據《會計法》帳簿應按照規定期限保管。會計檔案的保管期限，分為永久、定期兩類。各單位保存的會計檔案不得借出。如有特殊需要，經本單位負責人批准，可以提供查閱或者複製，並辦理登記手續。查閱或複製會計檔案的人員，嚴禁在會計檔案上塗畫、拆封和抽換。各帳簿的保管期限分別為：總帳（包括日記總帳）、日記帳、明細分類帳和輔助帳簿為15年，其中庫存現金日記帳和銀行存款日記帳為25年；固定資產卡片為固定資產報廢清理后應繼續保存5年。保管期滿后，要按照會計檔案管理辦法的規定，由財會部門和檔案部門共同鑒定提出銷毀意見，編製會計檔案的銷毀清冊，報經單位負責人批准后方可按規定進行銷毀處理。合併、撤銷單位的會計帳簿，要根據不同情況，分別移交給並入單位、上級主管部門或主管部門指定的其他單位接受保管，並由交接雙方在移交清冊上簽名蓋章。

2.5　帳務處理程序

2.5.1　帳務處理程序的含義和要求

(1) 帳務處理程序的含義

帳務處理程序也稱會計核算程序，就是指會計憑證、會計帳簿、會計報表的種類

和記帳程序相互結合的方式。科學地組織帳務處理程序，對提高會計核算的質量和會計工作的效率、充分發揮會計的職能具有重要意義。

（2）組織帳務處理程序的要求

帳務處理程序的確定，一般應符合三項要求：

第一，要與本單位的經濟活動特點、規模的大小和業務的繁簡等相適應，有利於會計核算的分工，以保證會計核算的順利進行。

第二，提供的會計核算資料要全面、系統、及時、正確，既要滿足國家宏觀管理的需要，同時滿足企業、機關、事業等單位微觀管理的需要。

第三，在保證核算資料及時、準確的基礎上，盡可能地簡化會計核算手續，力求提高會計核算的效率，節約核算費用。

2.5.2 帳務處理程序的種類

目前，中國政府機關、企事業單位會計一般採用的帳務處理程序主要有以下五種：記帳憑證帳務處理程序、科目匯總表帳務處理程序、匯總記帳憑證帳務處理程序、多欄式日記帳帳務處理程序、日記總帳帳務處理程序。

各種帳務處理程序的主要區別在於登記總帳的依據和方法不同。

（1）記帳憑證帳務處理程序

記帳憑證帳務處理程序是根據原始憑證或原始憑證匯總表所填製的記帳憑證逐筆登記總帳，並定期編製會計報表的一種帳務處理程序。

① 記帳憑證帳務處理程序的主要特點和基本內容

記帳憑證帳務處理程序是會計核算中最基本的一種帳務處理程序，其他幾種帳務處理程序都是在此基礎上發展演變而形成的。它的特點是根據記帳憑證逐筆登記總分類帳。

採用記帳憑證帳務處理程序，記帳憑證可以採用收款憑證、付款憑證與轉帳憑證等專用記帳憑證的格式，也可以採用通用記帳憑證的格式。會計帳簿一般設置庫存現金日記帳、銀行存款日記帳、總分類帳和明細分類帳。庫存現金、銀行存款日記帳和總分類帳均採用三欄式帳頁；明細分類帳則根據需要採用三欄式、數量金額式或多欄式帳頁。

② 記帳憑證帳務處理程序的核算步驟

記帳憑證帳務處理程序的核算步驟如下：

第一，根據原始憑證或原始憑證匯總表填製記帳憑證；

第二，根據收款憑證、付款憑證逐筆登記庫存現金日記帳、銀行存款日記帳；

第三，根據記帳憑證並結合原始憑證或原始憑證匯總表逐筆登記各種明細分類帳；

第四，根據記帳憑證逐筆登記總分類帳；

第五，月末，將庫存現金日記帳、銀行存款日記帳的余額，以及各種明細分類帳余額的合計數，分別與總分類帳中有關帳戶的余額進行核對；

第六，月末，根據總分類帳和明細分類帳的資料編製會計報表。

記帳憑證帳務處理程序的核算步驟，如圖2－3所示。

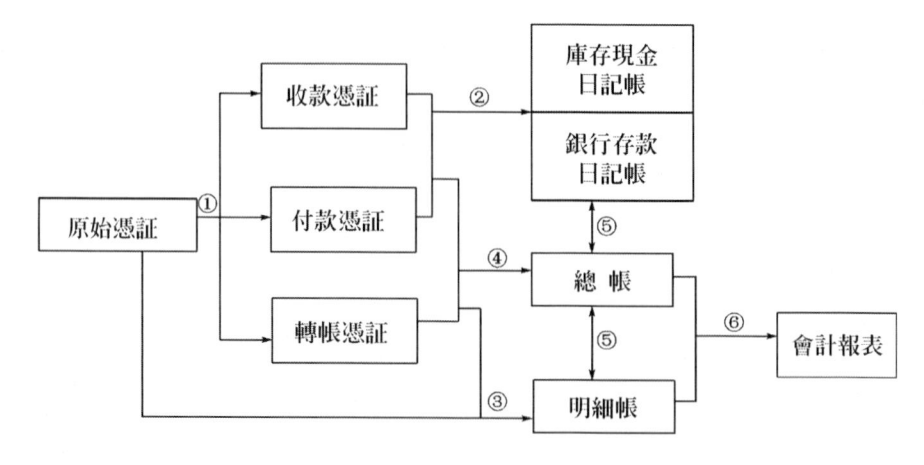

圖 2-3　記帳憑證帳務處理程序的核算步驟

③ 記帳憑證帳務處理程序的優缺點及適用範圍

記帳憑證帳務處理程序的優點：簡單明瞭，易於理解，總分類帳比較詳細地記錄和反應經濟業務的發生情況，來龍去脈清楚，便於瞭解經濟業務動態和查對帳目。

缺點：登記分類總帳工作量較大，也不便於會計分工。

適用範圍：一般適用於規模較小、經濟業務量較少的單位。

（2）科目匯總表帳務處理程序

科目匯總表帳務處理程序是定期地將所有記帳憑證按會計科目匯總編製成科目匯總表，然后再根據科目匯總表登記總分類帳，並定期編製會計報表的一種帳務處理程序。

① 科目匯總表帳務處理程序的主要特點和基本內容

科目匯總表帳務處理程序的主要特點是：定期編製科目匯總表然后據以登記總分類帳。

採用這種帳務處理程序，在會計憑證設置方面與記帳憑證帳務處理程序相比增設了科目匯總表。帳簿的設置與記帳憑證帳務處理程序帳簿的設置相似，但登記總帳的依據和方法不同，根據科目匯總表定期登記總帳。

② 科目匯總表的編製方法

首先根據一定時期內（每 5 天、10 天）的全部記帳憑證，按相同會計科目進行歸類，將要匯總的記帳憑證所涉及的會計科目填在科目匯總表內的「會計科目」欄，然后分別匯總各科目的借方發生額與貸方發生額，並將其填列在科目匯總表內各科目相應的「借方」和「貸方」欄，最后計算出所有科目的借方發生額和貸方發生額合計，並進行試算平衡，平衡無誤后即可作為登記總帳的依據。

為了便於匯總，必須注意以下幾點：

第一，收款憑證、付款憑證、轉帳憑證中會計分錄的填列應為簡單分錄（一個借方科目和一個貸方科目組成）。

第二，為了便於登記總帳，科目匯總表上的會計科目排列，應按總分類帳上科目

排列的順序來定。

第三，科目匯總表匯總的時間不宜過長，業務量多的單位可根據情況每天或 5 天匯總一次，一般間隔最長不超過 10 天，以便對發生額進行試算平衡。科目匯總表的格式如表 2-34 所示。

表 2-34　　　　　　　　　　　　　　科目匯總表

201×年×月×日至×日　　　　　　　　　　　科匯第×號

會計科目	總帳頁數	本期發生額		記帳憑證起訖號數
		借方	貸方	
合計				

③ 科目匯總表帳務處理程序的核算步驟

科目匯總表帳務處理程序的核算步驟如下：

第一，根據原始憑證或原始憑證匯總表，編製收款憑證、付款憑證和轉帳憑證等記帳憑證。

第二，根據收款憑證和付款憑證，逐筆登記庫存現金日記帳和銀行存款日記帳。

第三，根據原始憑證、匯總原始憑證和記帳憑證登記各種明細帳。

第四，根據一定時期內的全部記帳憑證，匯總編製成科目匯總表。

第五，根據定期編製的科目匯總表，登記總分類帳。

第六，月終，將庫存現金日記帳、銀行存款日記帳的餘額，以及各種明細分類帳戶餘額合計數，分別與總分類帳中有關科目的餘額進行核對。

第七，月終，根據核對無誤的總分類帳和各種明細分類帳的記錄，編製會計報表。

科目匯總表帳務處理程序的核算步驟，如圖 2-4 所示。

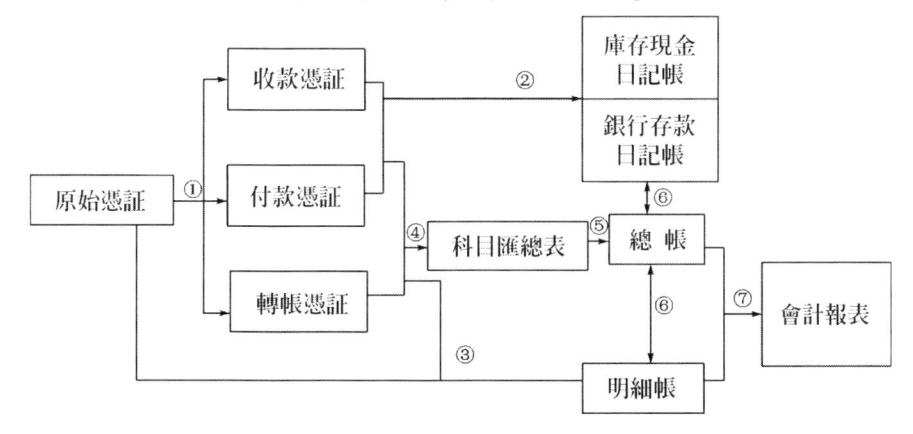

圖 2-4　科目匯總表帳務處理程序的核算步驟

④ 科目匯總表帳務處理程序的優缺點及適用範圍

科目匯總表帳務處理程序的優點：匯總方便、易於掌握，減少了總帳的登記工作，科目匯總表可以進行試算平衡，便於及時發現問題，採取相應對策。

缺點：科目匯總表不能反應各項經濟業務的來龍去脈，不便於查對帳目。

適用範圍：經濟業務量較多的單位。

（3）匯總記帳憑證帳務處理程序

① 匯總記帳憑證帳務處理程序的特點和基本內容

匯總記帳憑證帳務處理程序的基本特點是：先定期將全部記帳憑證按收款憑證、付款憑證和轉帳憑證分別歸類，然后定期編製成匯總記帳憑證，月末再根據匯總記帳憑證登記總分類帳。

匯總記帳憑證帳務處理程序，在會計憑證設置方面與記帳憑證帳務處理程序相比增設了匯總記帳憑證。帳簿的設置與記帳憑證帳務處理程序帳簿的設置相似，但登記總帳的依據和方法不同，月末根據匯總記帳憑證登記總帳。

② 匯總記帳憑證的編製方法

匯總記帳憑證按其匯總的經濟業務內容分為匯總收款憑證、匯總付款憑證和匯總轉帳憑證。

A. 匯總收款憑證及其編製方法

匯總收款憑證的編製方法：根據匯總期內庫存現金、銀行存款的收款憑證，按「庫存現金」「銀行存款」的借方分別設置，按其對應的貸方科目進行歸類匯總，計算出每一個貸方科目發生額合計數，填入匯總收款憑證中的相應欄次。一般可 5 天或 10 天匯總一次，每月編製一張。月終，根據計算出每個貸方科目發生額合計數，登記總分類帳。

注意：對於貨幣資金相互轉劃業務，只在匯總付款憑證中匯總，不在匯總收款憑證中匯總，避免重複。

匯總收款憑證格式如表 2－35 所示。

表 2－35　　　　　　　　　　　匯總收款憑證

借方帳戶：　　　　　　　　　　年　月　　　　　　　　　　　第　號

貸方帳戶	金額				記帳	
	（1）	（2）	（3）	合計	借方	貸方

附註：① 自__日至__日　收款憑證共計__張
　　　② 自__日至__日　收款憑證共計__張
　　　③ 自__日至__日　收款憑證共計__張

B. 匯總付款憑證及其編製方法

匯總付款憑證的編製方法：根據匯總期內庫存現金、銀行存款的付款憑證，按

「庫存現金」「銀行存款」的貸方分別設置，按其對應的借方科目進行歸類匯總，計算出每一個借方科目的發生額合計數，填入匯總付款憑證中的相應欄次。一般可 5 天或 10 天匯總一次，每月編製一張。月終，根據計算出每個借方科目發生額合計數，登記總分類帳。

匯總付款憑證的格式如表 2－36 所示。

表 2－36　　　　　　　　　　匯總付款憑證
貸方帳戶：　　　　　　　　　　　年　月　　　　　　　　　　　第　號

貸方帳戶	金額				記帳	
	(1)	(2)	(3)	合計	借方	貸方

附註：(1) 自__日至__日　　付款憑證共計__張
(2) 自__日至__日　　付款憑證共計__張
(3) 自__日至__日　　付款憑證共計__張

C. 匯總轉帳憑證及其編製方法

匯總轉帳憑證的編製方法是：通常是按每個科目的貸方分別設置，根據匯總期內的轉帳憑證，按其對應的借方科目進行歸類，計算出每一個借方科目發生額合計數，填入匯總轉帳憑證中的相應欄次。一般可以 5 天或 10 天匯總一次，每月編製一張。月終，根據計算出每個借方科目發生額合計數登記總帳。

在匯總記帳憑證核算形式下，為了便於編製匯總轉帳憑證，所有轉帳憑證只能編製一借一貸或多借一貸的會計分錄，不能填製一借多貸方或多借多貸會計分錄。

若匯總期內某一貸方科目的轉帳憑證不多，為簡化核算，可不匯總轉帳憑證，直接根據轉帳憑證登記總帳。匯總轉帳憑證格式如表 2－37 所示。

表 2－37　　　　　　　　　　匯總轉帳憑證
貸方帳戶：　　　　　　　　　　　年　月　　　　　　　　　　　第　號

借方帳戶	金額				記帳	
	(1)	(2)	(3)	合計	借方	貸方

附註：(1) 自__日至__日　　轉帳憑證共計__張
(2) 自__日至__日　　轉帳憑證共計__張
(3) 自__日至__日　　轉帳憑證共計__張

③ 匯總記帳憑證帳務處理程序的核算步驟

第一，根據原始憑證或原始憑證匯總表，編製收款憑證、付款憑證和轉帳憑證。

第二，根據收款憑證和付款憑證，登記庫存現金日記帳和銀行存款日記帳。

第三，根據原始憑證、匯總原始憑證和記帳憑證，登記各種明細分類帳。

第四，根據一定時期內的全部記帳憑證，匯總編製匯總收款憑證、匯總付款憑證和匯總轉帳憑證。

第五，月末，根據編製的匯總收款憑證、匯總付款憑證和匯總轉帳憑證，登記總分類帳。

第六，月末，將現金日記帳、銀行存款日記帳的余額及各種明細分類帳的余額合計數，分別與總分類帳中有關科目的余額核對相符。

第七，月末，根據核對無誤的總分類帳和各明細分類帳的記錄，編製會計報表。

匯總記帳憑證帳務處理程序的核算步驟如圖 2-5 所示。

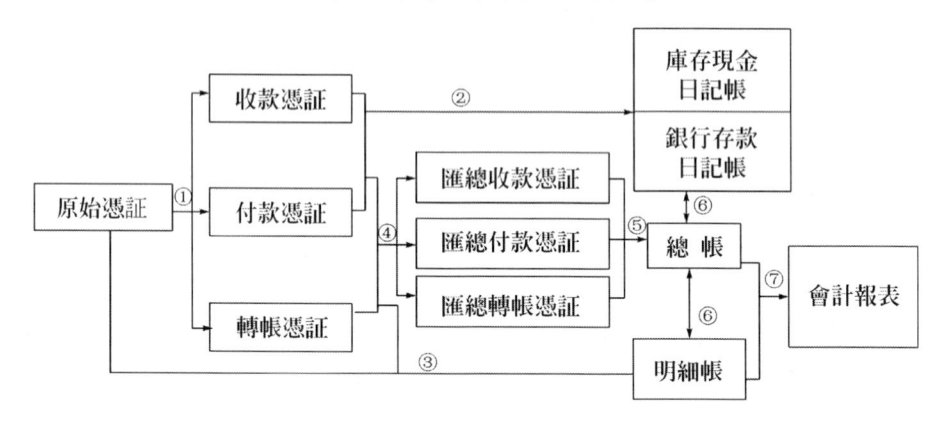

圖 2-5　匯總記帳憑證帳務處理程序

④ 匯總記帳憑證帳務處理程序的優缺點和適用範圍

優點：匯總記帳憑證能反應各科目之間的對應關係，從而清晰反應各經濟業務的來龍去脈，克服了科目匯總表的缺點；總分類帳根據匯總記帳憑證，於月末時一次登記入帳，減少了登記總分類帳的工作量，進而克服了記帳憑證核算形式的缺點。

缺點：匯總轉帳憑證是按每一貸方科目，而不是按經濟業務的性質歸類、匯總的，因而不利於會計核算工作的合理分工，當轉帳憑證數量較多時，編製匯總轉帳憑證的工作量較大。

適用範圍：規模大、經濟業務較多的經濟單位。

(4) 多欄式日記帳帳務處理程序

① 多欄式日記帳帳務處理程序的特點和基本內容

多欄式日記帳帳務處理程序的特點是：設置多欄式庫存現金和銀行存款日記帳，並據以登記總分類帳。

採用這種帳務處理程序，在會計憑證設置方面與記帳憑證帳務處理程序相同，設置收款憑證、付款憑證和轉帳憑證。帳簿的設置與記帳憑證帳務處理程序帳簿的有所區別，日記帳的格式均採用多欄式，並根據多欄式庫存現金、銀行存款日記帳的記錄

登記總帳；對於轉帳業務，可以根據轉帳憑證逐筆登記總帳，轉帳業務較多的單位也可以根據轉帳憑證定期編製匯總表，根據轉帳憑證匯總表登記總帳（轉帳憑證匯總表的格式及編製方法與科目匯總表相同）。

採用這種帳務處理程序需要注意的是：

庫存現金與銀行存款之間的相互劃轉數額，已經包含在有關日記帳的收付合計數裡，因此，依據多欄式庫存現金日記帳過帳時，銀行存款的合計數不需過帳，依據多欄式銀行存款日記帳過帳時，庫存現金的合計數不需過帳，避免重複計算。

多欄式銀行存款日記帳的格式如表2－38所示。

表2－38　　　　　　　　　　多欄式銀行存款日記帳

201×年		憑證號數	摘要	對應貸方科目						對應借方科目							金額
月	日			主營業務收入	應交稅費	預收帳款	短期借款	應付帳款	合計	材料採購	長期借款	庫存現金	固定資產	管理費用	無形資產	合計	
×	1		期初余額														
			本月發生額及余額														

② 多欄式日記帳帳務處理程序的核算步驟

多欄式日記帳帳務處理程序的核算步驟：

第一，根據原始憑證或原始憑證匯總表填製記帳憑證；

第二，根據收款憑證和付款憑證登記多欄式庫存現金日記帳和多欄式銀行存款日記帳；

第三，根據原始憑證和原始憑證匯總表或記帳憑證登記明細分類帳；

第四，月末，根據多欄式庫存現金日記帳和多欄式銀行存款日記帳登記總分類帳，同時根據轉帳憑證或轉帳憑證匯總表（如轉帳憑證較多，可定期根據轉帳憑證編製轉帳憑證匯總表）登記總分類帳；

第五，月末，將各種明細分類帳的余額合計數，分別與總分類帳中有關科目的余額核對相符；

第六，根據核對無誤的總分類帳和明細分類帳編製會計報表。

多欄式日記帳帳務處理程序的核算步驟如圖2－6所示。

```
                          ┌──────────────┐
                          │ 多欄式庫存現金 │
              ┌──────┐ ②  │   日記帳     │
          ┌──→│收款憑証│──→├──────────────┤
          │   └──────┘    │ 多欄式銀行存款│
          │               │   日記帳     │
┌──────┐①│   ┌──────┐    └──────┬───────┘
│原始憑証│─┼──→│付款憑証│           │④
└──┬───┘ │   └──────┘    ④   ┌──▼──┐  ⑥  ┌──────┐
   │     │   ┌──────┐  ┌───→│總 帳│────→│會計報表│
   │     └──→│轉帳憑証│─┘    └──┬──┘      └──────┘
   │         └──────┘          │⑤
   │                        ┌──▼──┐
   └──────────────③────────→│明細帳│
                            └─────┘
```

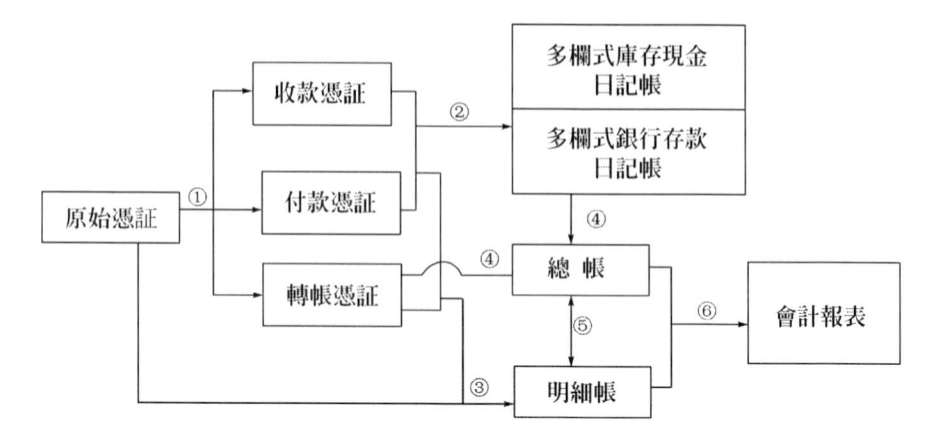

圖 2-6　多欄式日記帳帳務處理程序

③ 多欄式日記帳帳務處理程序的優缺點及適用範圍

優點：根據多欄式庫存現金日記帳、銀行存款日記帳和轉帳憑證登記總帳，簡化了登記總帳的工作量。

缺點：會計科目設置較多時，日記帳的專欄欄次過多，帳頁龐大，不便於記帳。

適用範圍：規模較小，收付款業務較多，運用會計科目少的單位。

（5）日記總帳帳務處理程序

① 日記總帳帳務處理程序的特點和基本內容

日記總帳核算形式的特點是：設置日記總帳，根據記帳憑證逐日逐筆登記日記總帳。

在日記總帳核算形式下，在會計憑證設置方面與記帳憑證帳務處理程序相同，設置收款憑證、付款憑證和轉帳憑證，也可採用通用記帳憑證。帳簿的設置除需特別開設日記總帳外，與上述四種帳務處理程序相同。

日記總帳是一種將序時帳與分類帳結合起來的聯合帳簿，其帳頁的格式一般為多欄式。其內容由兩部分構成：一部分用於序時登記，另一部分用於分類登記，按帳戶分設專欄，每一帳戶又具體分設借方和貸方兩欄。日記總帳的格式，如表2-39所示。

表2-39　　　　　　　　　　　　日記總帳

201×年		憑證號碼	摘要	發生額	銀行存款		庫存現金		材料採購		主營業務收入		主營業務成本		應交稅費		…	應收帳款		庫存商品	
月	日				借方	貸方	借方	貸方	借方	貸方	借方	貸方	借方	貸方	借方	貸方		借方	貸方	借方	貸方
×	1		期初余額																		
			本期發生額																		

② 日記總帳帳務處理程序的核算步驟

日記總帳帳務處理程序的核算步驟：

第一，根據原始憑證或原始憑證匯總表編製收款憑證、付款憑證和轉帳憑證。

第二，根據收款憑證和付款憑證，逐筆登記庫存現金日記帳和銀行存款日記帳。

第三，根據記帳憑證及其所附的原始憑證，逐筆登記各種明細帳。

第四，根據收款憑證、付款憑證和轉帳憑證，逐日逐筆登記日記總帳。

第五，月末，將庫存現金日記帳、銀行存款日記帳的余額及各種明細分類帳余額合計數，分別與總分類帳中有關科目的余額進行核對。

第六，月末，根據核對無誤的日記總帳和各種明細分類帳的資料編製會計報表。

日記總帳式帳務處理程序如圖2－7所示。

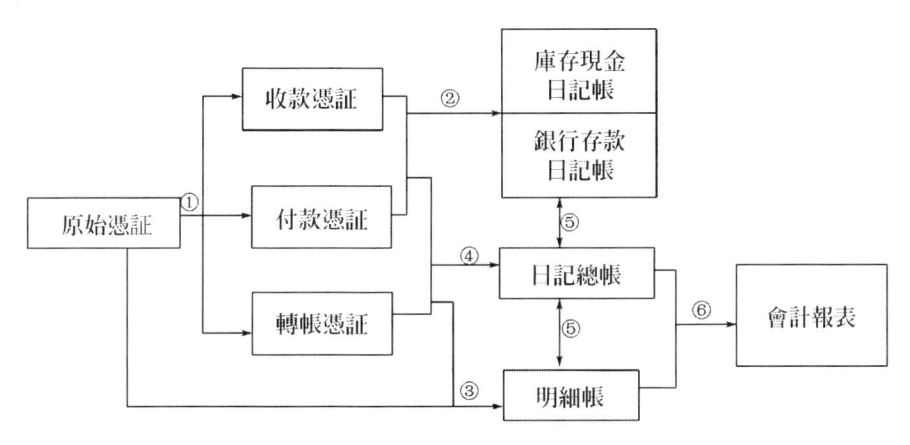

圖2－7　日記總帳式帳務處理程序的核算步驟

目前企業常用的帳務處理程序是記帳憑證帳務處理程序和科目匯總表帳務處理程序。

第 3 章　資金進入企業

學習目的：本章以企業經濟業務為例，進一步闡述了設置帳戶、借貸記帳法的實際應用問題。通過本章學習，學生要理解和掌握企業資金籌集業務的具體核算內容，從而提高運用帳戶和借貸記帳法處理企業各種經濟業務的熟練程度。

企業的籌建和發展是以籌集到一定數量的資金為前提的。資金進入企業是企業資金運動的起點，是決定資金運動規模和生產經營發展程度的重要環節。

根據國家法律、法規的規定，企業籌集資金主要有兩種方式：一是從國家、法人、個人或外商等處取得的投資，形成企業的所有者權益；二是從金融機構、其他法人等舉債借入的資金，形成企業的負債。

3.1　權益資金籌集的核算

3.1.1　權益資金籌集的核算內容

權益資金籌集是指企業通過接受投資、發行股票、內部收益留存等方式籌集資金。其核算主要涉及兩方面內容：一是揭示所有者對企業投資的形式和金額；二是反應投資後所有者享有的權益，包括實收資本和資本公積。

實收資本是指企業按照章程規定或合同、協議約定，接受投資者投入企業的資本。投入資本和企業的註冊資本有密切的聯繫。所謂註冊資本是指企業設立時向工商行政管理部門申請成立登記的資本總額，為企業各所有者認繳的出資額之和，它表示出資各方應承擔的責任和擁有的權利。註冊資本是企業的法定資本，在經營期內不得減少。實收資本是企業收到的投資各方實際繳入的資本，企業只有在收到實際繳入的資本時才能入帳。在企業創立時，按協議認繳資本，如果規定一次繳足，則企業的實收資本等於註冊資本；如果規定分期繳入，在最後一次繳足前，實收資本少於註冊資本。

實收資本按其投資主體不同，可以分為國家資本金、法人資本金、個人資本金和外商資本金；按其投資形式不同，可以分為貨幣資金投資、實物資產投資和無形資產投資等。

資本公積是企業收到投資者的超出其在企業註冊資本（或股本）中所占份額的投資，以及直接計入所有者權益的利得和損失等。資本公積包括資本溢價（或股本溢價）和直接計入所有者權益的利得和損失等。資本溢價（或股本溢價）是企業收到投資者

的超出其在企業註冊資本（或股本）中所占份額的投資。形成資本溢價（或股本溢價）的原因有溢價發行股票、投資者超額繳入資本等。直接計入所有者權益的利得和損失是指不應計入當期損益、會導致所有者權益發生增減變動的、與所有者投入資本或向所有者分配利潤無關的利得或損失。

3.1.2 權益資金籌集的帳戶設置

（1）「實收資本」帳戶

「實收資本」帳戶（股份有限公司為「股本」帳戶），是用來核算企業投資者投入資本的增減變動情況及其結果的帳戶，屬於所有者權益類帳戶。該帳戶貸方登記企業實際收到的投資者投入的資本和經股東大會或類似機構決議由資本公積或盈餘公積轉增的資本；借方登記企業按法定程序報經批准減少的註冊資本；期末余額在貸方，反應企業實有的資本總額。該帳戶應按投資者設置明細帳戶，進行明細分類核算。

（2）「資本公積」帳戶

「資本公積」帳戶，是用來核算企業取得的資本公積金增減變動情況的帳戶，屬於所有者權益類帳戶。該帳戶的貸方登記企業取得的資本公積金數額；借方登記資本公積金的減少數額；期末余額在貸方，表示企業資本公積金的實際結存數額。該帳戶按資本公積形成的類別設置「資本溢價（或股本溢價）」「其他資本公積」進行明細核算。

3.1.3 權益資金籌集的帳務處理

（1）接受貨幣資金投資的核算

企業接受貨幣資金投資時，應按實際收到或存入企業開戶銀行的金額，借記「銀行存款」等科目；按投資合同或協議約定的投資者在企業註冊資本中所占份額的部分，貸記「實收資本」科目；企業實際收到或存入開戶銀行的金額超過投資者在企業註冊資本中所占份額的部分，貸記「資本公積——資本溢價」科目。

【例1】A公司由甲、乙兩位投資者各自出資100萬元設立。一年后，為擴大經營規模，經批准，A公司註冊資本增加到300萬元，並引入第三位投資者丙加入。按照投資協議，新投資者需繳入120萬元，同時享有該公司三分之一的股份。

①A公司在收到甲、乙的貨幣資金投入時，應編製會計分錄如下：

借：銀行存款　　　　　　　　　　　　　　　　　2,000,000
　　貸：實收資本——甲　　　　　　　　　　　　　　1,000,000
　　　　　　　　——乙　　　　　　　　　　　　　　1,000,000

②一年后，A公司收到丙投資者的貨幣資金投入，編製會計分錄如下：

借：銀行存款　　　　　　　　　　　　　　　　　1,200,000
　　貸：實收資本——丙　　　　　　　　　　　　　　1,000,000
　　　　資本公積——資本溢價　　　　　　　　　　　　200,000

（2）接受非貨幣資金投資的核算

企業接受固定資產、原材料、無形資產等非貨幣資金投資時，應以投資合同或協議

約定的價值（不公允的除外）作為固定資產、原材料、無形資產的入帳價值；按投資合同或協議約定的投資者在企業註冊資本中所占份額的部分，作為實收資本入帳；投資合同或協議約定的價值超過投資者在企業註冊資本中所占份額的部分，記入資本公積。

【例2】甲公司於設立時收到乙公司投入的不需安裝機器設備一臺，合同約定該機器設備的價值為400,000元，增值稅進項稅額為68,000元，甲公司按合同約定金額作為實收資本。編製會計分錄如下：

　　借：固定資產　　　　　　　　　　　　　　　　　　　　400,000
　　　　應交稅費——應交增值稅（進項稅額）　　　　　　　　68,000
　　　　貸：實收資本——乙公司　　　　　　　　　　　　　　　　468,000

【例3】B公司於設立時收到C公司作為資本投入的非專利技術一項，合同約定價值為300,000元；收到D公司作為資本投入的土地使用權一項，合同約定價值為500,000元。B公司接受該非專利技術和土地使用權符合國家註冊資本管理的有關規定，按合同約定作實收資本入帳。編製會計分錄如下：

　　借：無形資產——非專利技術　　　　　　　　　　　　　　300,000
　　　　　　　　——土地使用權　　　　　　　　　　　　　　500,000
　　　　貸：實收資本——C公司　　　　　　　　　　　　　　　300,000
　　　　　　　　　　——D公司　　　　　　　　　　　　　　　500,000

（3）資本公積轉增資本

經股東大會或類似機構決議，資本公積可轉增資本，借記「資本公積」帳戶，按轉增前實收資本的結構或比例，貸記「實收資本」各所有者的明細分類帳。

【例4】因擴大經營規模需要，經批准，A公司將資本公積800,000元轉增資本，編製分錄如下：

　　借：資本公積　　　　　　　　　　　　　　　　　　　　800,000
　　　　貸：實收資本　　　　　　　　　　　　　　　　　　　　800,000

3.2　借入資金籌集的核算

3.2.1　借入資金籌集的核算內容

借入資金籌集是指向銀行或其他金融機構借款，或經批准向社會發行企業債券等方式籌集資金，即企業吸收債權人投資。借入資金籌集與權益資金籌集的主要區別是：①性質不同。負債是債權人對企業資產的求償權，是債權人的權益，而所有者權益是企業所有者對企業淨資產的求償權。②償還責任不同。企業的負債要求企業按規定的時間和利率支付利息，到期償還本金，而所有者權益則與企業共存亡，在企業經營期內無需償還。③享受的權利不同。債權人通常只有享受收回本金和按事先約定的利息率收回利息的權利，既沒有參與企業經營管理的權利，也沒有參與企業收益分配的權利，而企業的所有者既具有參與企業經營管理的權利，也具有參與企業收益分配的權

利。④風險和收益的大小不同。負債由於具有明確的償還期限和約定的收益率，而且一旦到期就可以收回本金與相應的利息，因而風險較小，相應地債權人所獲得的收益也較小，而所有者的投入資本，一旦投入被投資企業，一般情況下，不能隨意抽回投資，因而承擔的風險較大，相應地收益也較高。

企業的借入資金按債務金的內容及其償付期限的長短，分為短期借款、長期借款和應付債券。短期借款是指企業向銀行或其他金融機構借入的期限在1年以下（含1年）的各種借款，企業取得短期借款主要是為了滿足正常生產經營的需要；長期借款是指企業向銀行或其他金融機構借入的期限在1年以上（不含1年）的各種借款，一般用於固定資產的購建、改擴建工程、大修理工程、對外投資以及為保持長期經營能力等方面的項目；應付債券是指企業為籌集長期資金而發行的債券。

3.2.2 借入資金籌集的帳戶設置

（1）「短期借款」帳戶

「短期借款」帳戶是用來核算企業短期借款的取得及償還情況的帳戶，屬於負債類帳戶。貸方登記從銀行或其他金融機構取得的短期借款；借方登記已償還的借款本金數額；期末餘額在貸方，反應企業尚未償還的短期借款。該帳戶可按借款種類、債權人和幣種進行明細核算。

企業取得短期借款時，借記「銀行存款」帳戶，貸記「短期借款」帳戶。

在實際工作中，銀行一般於每季度末收取短期借款利息，為此，企業的短期借款利息一般採用月末預提的方式核算。短期借款利息屬於籌資費用，應記入「財務費用」帳戶。企業應當在資產負債表日按照計算確定的短期借款利息，借記「財務費用」帳戶，貸記「應付利息」帳戶；實際支付利息時，根據已預提的利息，借記「應付利息」帳戶，根據應計利息，借記「財務費用」帳戶，根據應付利息總額，貸記「銀行存款」帳戶。

企業短期借款到期償還本金時，借記「短期借款」帳戶，貸記「銀行存款」帳戶。

（2）「長期借款」帳戶

「長期借款」帳戶是用來核算長期借款的借入、歸還等情況的帳戶，屬於負債類帳戶，按照貸款單位和貸款種類，進行明細核算。

企業借入長期借款，借記「銀行存款」帳戶，貸記「長期借款」帳戶。

企業應在資產負債表日，計算確定長期借款的利息費用，並按以下原則計入有關成本、費用：屬於籌建期間的，計入管理費用；屬於生產經營期間的，計入財務費用；如果長期借款用於購建固定資產的，在固定資產尚未達到預定可使用狀態前，所發生的應當資本化的利息支出數，計入在建工程成本；固定資產達到預定可使用狀態後發生的利息支出，以及按規定不予資本化的利息支出，計入財務費用。即借記「管理費用」「在建工程」「財務費用」等帳戶，貸記「應付利息」帳戶。

歸還長期借款本金時，借記「長期借款」帳戶，貸記「銀行存款」帳戶。

（3）「應付債券」帳戶

「應付債券」帳戶是企業為籌集長期資金而發行的債券本金和利息的帳戶。

企業發行債券，應按實際收到的金額，借記「銀行存款」等帳戶，貸記「應付債券」帳戶。

發行長期債券的企業應按期計提利息，按照與長期借款相一致的原則計入有關成本費用。對於分期付息、到期一次還本的長期債券，借記「管理費用」「在建工程」「財務費用」等帳戶，貸記「應付利息」帳戶；對於一次還本付息的長期債券，貸記「應付債券」帳戶。

長期債券到期，支付債券本息，借記「應付債券」帳戶，貸記「銀行存款」等帳戶。

3.2.3 借入資金籌集的帳務處理

【例5】甲公司於201×年1月1日向銀行借入一筆生產經營用短期借款400,000元，期限6個月，年利率6%。根據與銀行簽署的借款協議，該項借款的本金到期後一次歸還；利息分月預提，按季支付。甲公司的有關會計處理如下：

① 1月1日借入短期借款時

借：銀行存款　　　　　　　　　　　　　　　　　　　　400,000
　　貸：短期借款　　　　　　　　　　　　　　　　　　　　　400,000

② 1月末，計提本月應計利息時

借：財務費用　　　　　　　　　　　　　　　　　　　　　2,000
　　貸：應付利息　　　　　　　　　　　　　　　　　　　　　2,000

本月應計提的利息金額 = 400,000×6%÷12 = 2,000（元）

2月末計提2月份應計利息的處理與1月份相同。

③ 3月末支付第一季度銀行借款利息時

借：財務費用　　　　　　　　　　　　　　　　　　　　　2,000
　　應付利息　　　　　　　　　　　　　　　　　　　　　　4,000
　　貸：銀行存款　　　　　　　　　　　　　　　　　　　　　6,000

第二季度會計處理同上。

④ 7月1日償還銀行借款本金時

借：短期借款　　　　　　　　　　　　　　　　　　　　400,000
　　貸：銀行存款　　　　　　　　　　　　　　　　　　　　　400,000

【例6】A企業於201×年3月31日從銀行借入資金2,000,000元，借款期限為3年，年利率為7%（到期一次歸還本息，不計複合），所借款項已存入銀行。編製會計分錄如下：

借：銀行存款　　　　　　　　　　　　　　　　　　　2,000,000
　　貸：長期借款　　　　　　　　　　　　　　　　　　　2,000,000

【例7】B公司經批准於201×年1月1日按面值發行3年期、到期一次還本付息、年利率8%、發行票面總額為5,000,000元的債券。編製會計分錄如下：

借：銀行存款　　　　　　　　　　　　　　　　　　　5,000,000
　　貸：應付債券——面值　　　　　　　　　　　　　　　5,000,000

第 4 章　採購與付款

學習目的：通過本章學習，學生要瞭解本章所涉及的基本理論及核算方法，將本章內容與「資金進入企業」相聯繫，理解其在企業會計核算環節中的位置；熟悉採購業務中實際成本法與計劃成本法下的一般會計核算；在此基礎上，掌握各種單證取得情況（如貨到單未到、單到貨未到等）下採購業務的會計處理。

企業通過不同渠道籌集到各種資金後，將這些資金投入到生產經營中去，充分發揮資金的作用，通過資金在企業內部的循環與週轉，使資金增值，為企業帶來更高的收益。資金在企業經營過程的不同階段，體現的形態也不同，因而核算的內容也不同。一般將製造業的經營過程劃分為採購與付款過程、生產與入庫過程、銷售與收款過程等。其中採購與付款過程是企業生產經營活動的首要環節，主要任務是儲備生產需要的各種原材料、輔助材料和燃料等材料。因此企業核算的主要內容是購入材料，與供貨單位辦理價款結算，確定材料的採購成本，將材料驗收入庫形成物資儲備，提高採購資金的使用效率。

4.1　採購環節概述

製造業要進行產品的生產和銷售，就必須購買和儲備一定種類和數量的材料。材料作為勞動對象，在產品製造過程中將會不斷地被領用和消耗，它可能構成產品的實體，也可能有助於產品的形成。經過一個生產週期，材料的實物形態將會隨著加工而改變，其價值也會一次性地全部轉移到所製造的產品中去，構成產品成本的重要組成部分。製造業在生產中所耗用的材料品種、規格很多，根據其用途一般可分為原料及主要材料、輔助材料、外購半成品、修理用備件、包裝材料和燃料等。

材料成本構成產品成本的重要組成部分，如採購單價過高、品質不良、存量過多或過少均會對企業造成損害，因此，材料採購的管理，對每一製造業均具有重要意義。企業應有計劃地、按時適量地進行材料採購。在材料採購過程中，一方面要從供貨單位取得所需的各種材料，另一方面要向材料供應商支付材料的買價和增值稅。並可能會發生各種採購費用，所有這些款項的發生都需要企業與各相關單位發生結算業務。材料運達企業，經驗收入庫後，即為企業可供生產領用的庫存材料。因此，材料的買價、增值稅和各項採購費用的發生和結算，以及材料採購成本的計算，就構成了採購環節經濟業務核算的主要內容。

購入材料的採購成本，一般由買價和採購費用組成。買價是指企業採購材料時，按發票支付的貨款。採購費用是指企業在採購材料過程中所支付的各項費用，包括材料的運輸費、裝卸費、保險費、倉儲費、運輸途中的合理損耗、入庫前的挑選整理費用和其他應計入成本的費用等。

對於材料採購過程中發生的物資毀損、短缺等，合理損耗部分應作為材料採購費用計入材料的採購成本，其他損耗不得計入材料採購成本，如從供應單位、外部運輸機構等收回的物資短缺、毀損賠款，應衝減材料採購成本。

材料採購成本的計算，就是把採購過程中因購買各種材料而發生的採購成本，按材料的品種、規格分別進行歸集，並計算各種材料的實際採購總成本和單位成本。在計算材料採購成本中，凡是能直接計入各種材料的直接費用，應直接計入各種材料的採購成本；凡不能直接計入各種材料的間接費用，應按一定標準在有關材料之間進行分配，分別計入各種材料的成本。分配標準可由企業根據實際情況進行合理確定，如材料的重量或買價等，但一經確定，則此標準應保持不變。

4.2 採購環節核算

4.2.1 原材料按實際成本核算的帳戶設置及帳務處理

4.2.1.1 帳戶設置

當企業的經營規模較小，原材料的種類不是很多，而且原材料的收、發業務的發生也不是很頻繁的情況下，可以按照實際成本計價方法組織原材料的收、發核算。原材料按照實際成本計價方法進行日常的收發核算，其特點是從材料的收、發憑證到材料明細分類帳和總分類帳全部按實際成本計價。

$$購入材料的實際採購成本 = 實際買價 + 採購費用$$

原材料按實際成本計價組織收、發核算時應設置以下幾個帳戶：

（1）「在途物資」帳戶

該帳戶的性質屬於資產類，用來核算企業外購尚未入庫材料的買價和各種採購費用，據以計算確定購入材料的實際採購成本的帳戶，其借方登記購入材料的買價和採購費用（實際採購成本），貸方登記結轉完成採購過程、驗收入庫材料的實際採購成本，期末余額在借方，表示尚未運達企業或者已經運達企業但尚未驗收入庫的在途材料的成本。「在途物資」帳戶應按照購入材料的品種或種類設置明細帳戶，進行明細分類核算。

「在途物資」帳戶的結構如表 4－1 所示。

表4-1　　　　　　　　　　　「在途物資」帳戶結構

借方	在途物資	貸方
購入材料的買價和採購費用	結轉驗收入庫材料的實際採購成本	
期末余額： 在途材料成本		

對於「在途物資」帳戶，在具體使用時，要注意以下兩個問題：

其一，企業對於購入尚未入庫的材料，不論是否已經付款，一般都應該先記入該帳戶，在材料驗收入庫結轉成本時，再將其成本轉入「原材料」帳戶。

其二，購入材料過程中發生的除買價之外的採購費用，如果能夠分清是某種材料直接負擔的，可直接計入該材料的採購成本，否則就應進行分配。分配時，根據材料的特點確定分配的標準，一般來說可以選擇的分配標準有材料的重量、體積、買價等，然后計算材料採購費用分配率，最后計算各種材料的採購費用負擔額。

（2）「原材料」帳戶

該帳戶的性質屬於資產類，是用來核算企業庫存原材料實際成本的增減變動及其結存情況的帳戶。其借方登記已驗收入庫材料實際成本的增加，貸方登記發出材料的實際成本（即庫存材料成本的減少），期末余額在借方，表示庫存材料實際成本的期末結余額。「原材料」帳戶應按照材料的保管地點、材料的種類或類別設置明細帳戶，進行明細分類核算。

「原材料」帳戶的結構見表4-2。

表4-2　　　　　　　　　　　「原材料」帳戶結構

借方	原材料	貸方
驗收入庫材料實際成本的增加	庫存材料實際成本的減少	
期末余額： 庫存材料實際成本結余		

（3）「應付帳款」帳戶

該帳戶的性質屬於負債類，用來核算企業因購買原材料、商品和接受勞務供應等經營活動應支付的款項。其貸方登記應付供應單位款項（買價、稅金和代墊運雜費等）的增加，借方登記應付供應單位款項的減少（即償還）。期末余額一般在貸方，表示尚未償還的應付款的結余額。該帳戶應按照供應單位的名稱設置明細帳戶，進行明細分類核算。

「應付帳款」帳戶的結構見表4-3。

表 4-3　　　　　　　　　　「應付帳款」帳戶結構

借方	應付帳款	貸方
償還應付供應單位款項	應付供應單位款項的增加	
	期末余額： 尚未償還的應付款	

(4)「預付帳款」帳戶

該帳戶的性質屬於資產類，用來核算企業按照合同規定向供應單位預付購料款而與供應單位發生的結算債權的增減變動及其結余情況的帳戶。其借方登記結算債權的增加即預付款的增加，貸方登記收到供應單位提供的材料物資而應衝銷的預付款債權（即預付款的減少）。期末余額一般在借方，表示尚未結算的預付款的結余額。該帳戶應按照供應單位的名稱設置明細帳戶，進行明細分類核算。

「預付帳款」帳戶的結構見表 4-4。

表 4-4　　　　　　　　　　「預付帳款」帳戶結構

借方	預付帳款	貸方
預付供應單位款項的增加	衝銷預付供應單位的款項	
期末余額： 尚未結算的預付款		

(5)「應付票據」帳戶

該帳戶的性質屬於負債類，是用來核算企業單位採用商業匯票結算方式購買材料物資等而開出、承兌商業匯票的增減變動及其結余情況的帳戶。其貸方登記企業開出、承兌商業匯票的增加，借方登記到期商業匯票的減少。期末余額在貸方，表示尚未到期的商業匯票的期末結余額。該帳戶應按照債權人的不同設置明細帳戶，進行明細核算，同時設置「應付票據備查簿」，詳細登記商業匯票的種類、號數和出票日期、到期日、票面金額、交易合同號和收款人姓名或收款單位名稱以及付款日期和金額等資料。應付票據到期結清時，在備查簿中註銷。

「應付票據」帳戶的結構如表 4-5 所示。

表 4-5　　　　　　　　　　「應付票據」帳戶結構

借方	應付票據	貸方
到期應付票據的減少 （不論是否已經付款）	開出、承兌商業匯票的增加	
	期末余額： 尚未到期商業匯票的結余額	

應付票據是由出票人出票、承兌人承兌、付款人在指定日期無條件支付確定的金額給

收款人或持票人的商業匯票，中國商業匯票的付款期限最長不超過6個月。商業匯票按承兌人的不同可以分為商業承兌匯票和銀行承兌匯票。商業承兌匯票可由付款人或收款人簽發，其承兌人應為付款人，為收款人或被背書人所持有；銀行承兌匯票是由收款人或承兌申請人簽發，由承兌申請人向其開戶銀行申請承兌，經銀行審查同意承兌的匯票。

(6)「應交稅費」帳戶

該帳戶的性質屬於負債類，用來核算企業按稅法規定應繳納的各種稅費（印花稅等不需要預計稅額的稅種除外）的計算與實際繳納情況的帳戶。其貸方登記計算出的各種應交而未交稅費的增加，包括計算出的增值稅、消費稅、城市維護建設稅、所得稅、資源稅、房產稅、土地使用稅、車船稅、教育費附加、礦產資源補償費等，借方登記實際繳納的各種稅費，包括支付的增值稅進項稅額。期末余額方向不固定，如果在貸方，表示未交稅費的結余額；如果在借方，表示多交的稅費。「應交稅費」帳戶應按照稅費品種設置明細帳戶，進行明細分類核算。

在材料採購業務中設置「應交稅費」帳戶主要是核算增值稅。增值稅是對在中國境內銷售貨物或者提供勞務以及進口貨物的單位和個人，就其取得的貨物或應稅勞務銷售額計算稅款，並實行稅款抵扣制的一種流轉稅。

$$當期應納稅額 = 當期銷項稅額 - 當期進項稅額$$

其中，銷項稅額是指納稅人銷售貨物或應稅勞務，按照銷售額和規定的稅率計算並向購買方收取的增值稅額。

$$銷項稅額 = 銷售額 \times 增值稅稅率$$

進項稅額是指納稅人購進貨物或接受應稅勞務所支付或負擔的增值稅額。

$$進項稅額 = 購進貨物或勞務價款 \times 增值稅稅率$$

增值稅的進項稅額與銷項稅額是相對應的，銷售方的銷項稅額就是購買方的進項稅額。

「應交稅費」帳戶的結構如表4-6所示。

表4-6　　　　　　　　　「應交稅費」帳戶結構

借方	應交稅費	貸方
實際繳納的各種稅費 （增值稅進項稅額）	計算出的應交而未交的稅費 （增值稅銷項稅額）	
期末余額： 多交的稅費	期末余額： 未交的稅費	

下面舉例說明原材料按實際成本計價業務的總分類核算：

【例1】紅星股份有限公司從友誼工廠購入下列材料：甲材料5,000千克，單價48元；乙材料2,000千克，單價38元，增值稅率17%，全部款項通過銀行付清。

對於這項經濟業務，首先要計算購入材料的買價材料尚在運輸途中和增值稅進項稅額。甲材料的買價為240,000元，乙材料的買價為76,000元，甲、乙兩種材料的買價共計為316,000元，增值稅進項稅額為53,720元（316,000×17%）。這項經濟業務的發生，

一方面使得公司購入甲材料的買價增加240,000元，乙材料的買價增加76,000元，增值稅進項稅額增加53,720元，另一方面使得公司的銀行存款減少369,720元（240,000＋76,000＋53,720）。涉及「在途物資」「應交稅費——應交增值稅」和「銀行存款」三個帳戶。材料買價的增加是資產的增加，應記入「在途物資」帳戶的借方，增值稅進項稅額的增加是負債的減少，應記入「應交稅費——應交增值稅」明細帳戶的借方，銀行存款的減少是資產的減少，應記入「銀行存款」帳戶的貸方。所以，這項業務應編製的會計分錄如下：

借：在途物資——甲材料　　　　　　　　　　　　　240,000
　　　　　　——乙材料　　　　　　　　　　　　　 76,000
　　應交稅費——應交增值稅（進項稅額）　　　　　 53,720
貸：銀行存款　　　　　　　　　　　　　　　　　　369,720

4.2.1.2　材料採購成本核算的帳務處理

材料採購成本的計算，就是把企業在材料採購過程中所支付的材料的買價和採購費用等按照材料的類別和品種歸集和分配，計算各種材料的實際採購總成本和單位成本。各種材料的採購成本，應在「在途物資」明細分類帳中進行反應和監督。

（1）材料採購成本的內容

企業購入材料的採購成本由下列各項組成：

①買價，即購買材料的價款；

②運雜費（包括運輸費、裝卸費、保險費、包裝費、倉儲費等，不包括按規定根據運輸費的一定比例計算的可抵扣的增值稅額）；

③運輸途中的合理損耗；

④入庫前的挑選整理費用（包括挑選整理中發生的工、費支出和必要的損耗，並減去回收的下腳廢料價值）；

⑤購入材料負擔的稅金（如關稅等）和其他費用。

小規模納稅人和購入材料未能取得增值稅專用發票的企業，購入材料支付的不可抵扣的增值稅進項稅額，計入所購材料的成本。

為了簡化核算，實際工作中對某些本應計入材料採購成本的採購費用，如採購人員的差旅費、市內採購材料的運雜費、專設採購機構的經費等，不計入材料採購成本，而是列作管理費用。

（2）歸集和分配採購費用，計算採購成本

在計算材料採購成本時，凡是能分清由哪一種材料負擔的費用，應直接記入該種材料的採購成本；凡不能分清的，如為運輸兩種或兩種以上材料所支付的運輸費，應採用合理的分配標準（如按材料的重量、買價、體積等比例），分配計入各種材料的採購成本。其採購費用的分配方法如下：

①計算採購費用分配率

$$採購費用分配率 = \frac{應分配的採購費用總額}{分配標準總量（如重量買價體積容積等）}$$

②計算每種材料應分配的採購費用額

某種材料應分配的採購費用＝該種材料的分配標準量×採購費用分配率

【例2】紅星股份有限公司用銀行存款14,000元支付上述購入甲、乙材料的外地運雜費，按照材料的重量比例進行分配。

首先需要對甲、乙材料應共同負擔的14,000元外地運雜費進行分配，計算採購費用分配率：

$$採購費用分配率＝\frac{14,000}{5,000+2,000}＝2（元／千克）$$

$$甲材料負擔的採購費用＝5,000×2＝10,000（元）$$

$$乙材料負擔的採購費用＝2,000×2＝4,000（元）$$

這項經濟業務的發生，一方面使得公司的材料採購成本增加14,000元，其中甲材料採購成本增加10,000元，乙材料採購成本增加4,000元（按重量分配）；另一方面使得公司的銀行存款減少14,000元。涉及「在途物資」和「銀行存款」兩個帳戶，材料採購成本的增加是資產的增加，應記入「在途物資」帳戶的借方，銀行存款的減少是資產的減少，應記入「銀行存款」帳戶的貸方。所以，這項業務應編製的會計分錄如下：

借：在途物資——甲材料　　　　　　　　　　　　　　10,000
　　　　——乙材料　　　　　　　　　　　　　　　4,000
　　貸：銀行存款　　　　　　　　　　　　　　　　　14,000

【例3】紅星股份有限公司從大偉工廠購進丙材料7,200千克，發票註明的價款432,000元，增值稅額73,440元（432,000×17%），大偉工廠代本公司墊付材料的運雜費8,000元。材料已運達企業並未驗收入庫。帳單、發票已到，但材料價款、稅金及運雜費尚未支付。

這項經濟業務的發生，一方面使得公司的材料採購支出增加計440,000元，其中材料買價432,000元、運雜費8,000元，增值稅進項稅額增加73,440元；另一方面使得公司應付供應單位款項增加計513,440元（440,000＋73,440）。因此，這項經濟業務涉及「在途物資」「應交稅費——應交增值稅」和「應付帳款」三個帳戶。材料採購支出的增加是資產的增加，應記入「在途物資」帳戶的借方，增值稅進項稅額的增加是負債的減少，應記入「應交稅費——應交增值稅」帳戶的借方，應付帳款的增加是負債的增加，應記入「應付帳款」帳戶的貸方。所以，這項經濟業務應編製的會計分錄如下：

借：在途物資——丙材料　　　　　　　　　　　　　　440,000
　　應交稅費——應交增值稅（進項稅額）　　　　　　 73,440
　　貸：應付帳款——大偉工廠　　　　　　　　　　　513,440

【例4】紅星股份有限公司按照合同規定用銀行存款預付給勝利工廠訂貨款360,000元。

這項經濟業務的發生，一方面使得公司預付的訂貨款增加360,000元，另一方面使得公司的銀行存款減少360,000元。涉及「預付帳款」和「銀行存款」兩個帳戶。預付訂貨款的增加是資產（債權）的增加，應記入「預付帳款」帳戶的借方，銀行存款的減少是資產的減少，應記入「銀行存款」帳戶的貸方。所以，這項經濟業務應編

製的會計分錄如下：

　　借：預付帳款——勝利工廠　　　　　　　　　　　　　　360,000
　　　　貸：銀行存款　　　　　　　　　　　　　　　　　　　　360,000

【例5】紅星股份有限公司收到勝利工廠發運來的、前已預付貨款的丙材料，並未驗收入庫。隨貨物附來的發票註明該批丙材料的價款840,000元，增值稅進項稅額142,800元，除衝銷原預付款360,000元外，不足款項立即用銀行存款支付。

這項經濟業務的發生，涉及「在途物資」「應交稅費——應交增值稅」「預付帳款」「銀行存款」四個帳戶。材料採購支出的增加是資產的增加，應記入「在途物資」帳戶的借方，增值稅進項稅額的增加是負債的減少，應記入「應交稅費——應交增值稅」帳戶的借方，預付款的減少是資產的減少，應記入「預付帳款」帳戶的貸方，銀行存款的減少是資產的減少，應記入「銀行存款」帳戶的貸方。所以，這項經濟業務應編製的會計分錄如下：

　　借：在途物資——丙材料　　　　　　　　　　　　　　　840,000
　　　　應交稅費——應交增值稅（進項稅額）　　　　　　　142,800
　　　　貸：預付帳款——勝利工廠　　　　　　　　　　　　　982,800
　　借：預付帳款——勝利工廠　　　　　　　　　　　　　　622,800
　　　　貸：銀行存款　　　　　　　　　　　　　　　　　　　　622,800

應該注意，這項經濟業務所編製的會計分錄是多借多貸的會計分錄，要結合經濟業務內容理解所涉及的各個帳戶之間的對應關係。

【例6】紅星股份有限公司簽發並承兌一張商業匯票購入丁材料，該批材料的含稅總價款837,720元，增值稅稅率17%。

這筆業務中出現的是含稅總價款837,720元，應將其分解為不含稅價款和稅額兩部分：

　　不含稅價款＝含稅價款÷（1＋稅率）＝837,720÷（1＋17%）＝716,000（元）
　　　　　　增值稅額＝716,000×17%＝121,720（元）

這項經濟業務的發生，一方面使公司的材料採購支出增加716,000元，增值稅進項稅額增加121,720元，另一方面使公司的應付票據增加837,720元。涉及「在途物資」「應交稅費——應交增值稅」和「應付票據」三個帳戶。材料採購成本的增加是資產的增加，應記入「在途物資」帳戶的借方，增值稅進項稅額的增加是負債的減少，應記入「應交稅費——應交增值稅」帳戶的借方，應付票據的增加是負債的增加，應記入「應付票據」帳戶的貸方。所編製的會計分錄如下：

　　借：在途物資——丁材料　　　　　　　　　　　　　　　716,000
　　　　應交稅費——應交增值稅（進項稅額）　　　　　　　121,720
　　　　貸：應付票據　　　　　　　　　　　　　　　　　　　　837,720

【例7】紅星股份有限公司簽發並承兌一張商業匯票，用以抵付本月例3從大偉工廠購入丙材料的價稅款和代墊的運雜費。

本月從大偉工廠購入的丙材料的價款為432,000元，增值稅為73,440元，代墊運雜費為8,000元，合計為513,440元。這項經濟業務的發生，一方面使得公司的應付帳

款減少 513,440 元，另一方面使得公司的應付票據增加 513,440 元。涉及「應付帳款」和「應付票據」兩個帳戶。應付帳款的減少是負債的減少，應記入「應付帳款」帳戶的借方，應付票據的增加是負債的增加，應記入「應付票據」帳戶的貸方。所以，編製的會計分錄如下：

  借：應付帳款——大偉工廠　　　　　　　　　　　　　513,440
    貸：應付票據——大偉工廠　　　　　　　　　　　　513,440

【例8】本月購入的甲、乙、丙、丁材料已經驗收入庫，結轉各種材料的實際採購成本。首先計算本月購入的各種材料的實際採購成本：

$$甲材料實際採購成本 = 240,000 + 10,000 = 250,000（元）$$
$$乙材料實際採購成本 = 76,000 + 4,000 = 80,000（元）$$
$$丙材料實際採購成本 = 432,000 + 8,000 + 840,000 + 10,000 = 1,290,000（元）$$
$$丁材料實際採購成本 = 716,000（元）$$

這項經濟業務的發生，一方面使得公司已驗收入庫材料的實際採購成本增加 2,336,000 元（250,000 + 80,000 + 1,290,000 + 716,000），另一方面使得公司的材料採購支出結轉計 2,336,000 元，涉及「原材料」和「在途物資」兩個帳戶。庫存材料實際成本的增加是資產的增加，應記入「原材料」帳戶的借方，材料採購支出的結轉是資產的減少，應記入「在途物資」帳戶的貸方。所以，這項經濟業務應編製的會計分錄如下：

  借：原材料——甲材料　　　　　　　　　　　　　　　250,000
      ——乙材料　　　　　　　　　　　　　　　　80,000
      ——丙材料　　　　　　　　　　　　　　　1,290,000
      ——丁材料　　　　　　　　　　　　　　　　716,000
    貸：在途物資——甲材料　　　　　　　　　　　　　250,000
        ——乙材料　　　　　　　　　　　　　　80,000
        ——丙材料　　　　　　　　　　　　　1,290,000
        ——丁材料　　　　　　　　　　　　　　716,000

4.2.2　原材料按計劃成本計價的帳戶設置及帳務處理

4.2.2.1　原材料按計劃成本計價的帳戶設置

  前面已經對原材料按實際成本計價核算的內容作了比較全面的介紹。材料按照實際成本進行計價核算，能夠比較全面、完整地反應材料資金的實際占用情況，可以準確地計算出生產過程所生產產品的成本中的材料費用額。但是，當企業材料的種類比較多，收發次數又比較頻繁的情況下，其核算的工作量就比較大，而且也不便於考核材料採購業務成果，分析材料採購計劃的完成情況。所以，在中國一些大中型製造業企業裡，材料就可以按照計劃成本計價組織收、發核算。材料按計劃成本計價進行核算，就是材料的收發憑證按計劃成本計價，材料總帳及明細帳均按計劃成本登記，通過增設「材料成本差異」帳戶來核算材料實際成本與計劃成本之間的差異額，並在會

計期末對計劃成本進行調整，以確定庫存材料的實際成本和發出材料應負擔的差異額，進而確定發出材料的實際成本。

具體地說，材料按計劃成本組織收發核算的基本程序如下：

首先，企業應結合各種原材料的特點、實際採購成本等資料確定原材料的計劃單位成本，計劃單位成本一經確定，在年度內一般不作調整。

其次，平時購入或其他方式取得原材料，按其計劃成本和計劃成本與實際成本之間的差異額分別在有關帳戶中進行分類登記。

最后，平時發出的材料按計劃成本核算，月末再將本月發出材料應負擔的差異額進行分攤，隨同本月發出材料的計劃成本記入有關帳戶，其目的就在於將不同用途消耗的原材料的計劃成本調整為實際成本，發出材料應負擔的差異額必須按月分攤，不得在季末或年末一次分攤。另外，企業會計準則規定，對於發出材料應負擔的成本差異，除委託外部加工物資而發出的材料可按上月（即月初）差異率計算外，都應使用當月的差異率，除非當月差異率與上月差異率相差不大。

原材料按計劃成本組織收、發核算時，應設置以下幾個帳戶：

(1)「原材料」帳戶

原材料按計劃成本核算所設置的「原材料」帳戶與按實際成本核算設置的「原材料」帳戶基本相同，只是將其實際成本改為計劃成本，即「原材料」帳戶的借方、貸方和期末余額均表示材料的計劃成本。

(2)「材料採購」帳戶

該帳戶的性質是資產類，用來核算企業購入材料的實際成本和結轉入庫材料的計劃成本，並據以計算確定購入材料成本差異額的帳戶。其借方登記購入材料的實際成本和結轉入庫材料實際成本小於計劃成本的節約差異，貸方登記入庫材料的計劃成本和結轉入庫材料的實際成本大於計劃成本的超支差異，期末余額在借方，表示在途材料的實際成本。該帳戶應按照材料的種類設置明細帳戶，進行明細分類核算。

「材料採購」帳戶的結構如表 4-7 所示。

表 4-7　　　　　　　　　　　「材料採購」帳戶結構

借方	材料採購	貸方
(1) 購入材料的實際採購成本 (2) 結轉入庫材料的節約差異額	(1) 結轉入庫材料的計劃成本 (2) 結轉入庫材料的超支差異額	
期末余額： 在途材料成本		

(3)「材料成本差異」帳戶

該帳戶的性質是資產類，是用來核算企業庫存材料實際成本與計劃成本之間的超支或節約差異額的增減變動及其結余的帳戶。其借方登記結轉入庫材料的超支差異額和結轉發出材料應負擔的節約差異額（實際成本小於計劃成本的差異），貸方登記結轉入庫材料的節約差異額和發出材料應負擔的超支差異額（實際成本大於計劃成本的差

異額)。期末余額如果在借方,表示庫存材料的超支差異額,如果在貸方,表示庫存材料的節約差異額。

「材料成本差異」帳戶的結構如表4-8所示。

表4-8　　　　　　　　　「材料成本差異」帳戶結構

借方	材料成本差異	貸方
(1) 結轉驗收入庫材料的超支差異額 (2) 結轉發出材料應負擔的節約差異額		(1) 結轉驗收入庫材料的節約差異額 (2) 結轉發出材料應負擔的超支差異額
期末余額: 庫存材料的超支差異		期末余額: 庫存材料的節約差異

4.2.2.2　原材料按計劃成本計價的帳務處理

【例9】紅星股份有限公司用銀行存款購入甲材料3,000千克,發票註明其價款240,000元,增值稅額40,800元。另用現金6,000元支付該批甲材料的運雜費。

這項經濟業務的發生,一方面使得公司的材料採購支出增加246,000元,其中買價240,000元,採購費用6,000元,增值稅進項稅額增加40,800元;另一方面使得公司的銀行存款減少280,800元,庫存現金減少6,000元。涉及「材料採購」「應交稅費」「銀行存款」和「庫存現金」四個帳戶。材料採購支出的增加是資產的增加,應記入「材料採購」帳戶的借方,增值稅進項稅額的增加是負債的減少,應記入「應交稅費——應交增值稅」帳戶的借方,銀行存款的減少是資產的減少,應記入「銀行存款」帳戶的貸方,現金的減少是資產的減少,應記入「庫存現金」帳戶的貸方。編製的會計分錄如下:

借:材料採購——甲材料　　　　　　　　　　　　　246,000
　　應交稅費——應交增值稅(進項稅額)　　　　　　 40,800
　貸:銀行存款　　　　　　　　　　　　　　　　　 280,800
　　　庫存現金　　　　　　　　　　　　　　　　　　6,000

【例10】承[例9],上述甲材料驗收入庫,其計劃成本為240,000元,結轉該批甲材料的計劃成本和差異額。

由於該批甲材料的實際成本為246,000元,計劃成本為240,000元,因而可以確定甲材料成本的超支差異額為6,000元(246,000-240,000)。結轉驗收入庫材料的計劃成本時,使得公司的材料採購支出(計劃成本)減少240,000元和庫存材料計劃成本增加240,000元;結轉入庫材料成本超支差異額,使得庫存材料成本超支差異額增加6,000元和材料採購支出減少6,000元。涉及「原材料」「材料採購」和「材料成本差異」三個帳戶,庫存材料成本的增加是資產的增加,應記入「原材料」帳戶的借方,材料採購成本的結轉是資產的減少,應記入「材料採購」帳戶的貸方。該項經濟業務應編製如下會計分錄:

借:原材料——甲材料　　　　　　　　　　　　　　240,000
　　材料成本差異　　　　　　　　　　　　　　　　　6,000

貸：材料採購——甲材料　　　　　　　　　　　　　　　　　　　246,000

　假如本例中甲材料的計劃成本為 250,000 元，則可以確定甲材料成本的節約差異額為 4,000 元（246,000 - 250,000），其會計分錄為：

　　借：原材料——甲材料　　　　　　　　　　　　　　　　　　　250,000
　　貸：材料採購——甲材料　　　　　　　　　　　　　　　　　　　246,000
　　　　材料成本差異　　　　　　　　　　　　　　　　　　　　　　　4,000

　【例 11】紅星股份有限公司本月生產產品領用甲材料計劃成本總額為 300,000 元（領用材料的會計分錄略）。月末計算確定發出甲材料應負擔的差異額，並予以結轉。假設期初庫存甲材料計劃成本為 600,000 元，成本差異額為超支差異 10,800 元。

　為了計算產品的實際生產成本，在會計期末，就需要將計劃成本調整為實際成本。其方法是運用差異率對計劃成本進行調整，以求得實際成本。材料成本差異率的計算方法有兩種，即：

$$月初材料成本差異率 = \frac{月初庫存材料成本差異額}{月初庫存材料的計劃成本} \times 100\%$$

$$本月材料成本差異率 = \frac{月初庫存材料差異額 + 本月購入材料差異額}{月初庫存材料計劃成本 + 本月入庫材料計劃成本} \times 100\%$$

　　　　發出材料應負擔的差異額 = 成本差異率 × 發出材料的計劃成本

　根據本例資料，採用本月差異率，我們可以計算如下：

$$本月材料成本差異率 = \frac{10,800 + 6,000}{600,000 + 240,000} = 0.02$$

　　　　發出材料應負擔的差異額 = 0.02 × 300,000 = 6,000（元）

　結轉發出材料應負擔的差異額時，一方面應記入「生產成本」等帳戶的借方，另一方面應記入「材料成本差異」帳戶的貸方。如果是超支差異，則借記「生產成本」帳戶，貸記「材料成本差異」帳戶；如果是節約差異，則借記「材料成本差異」帳戶，貸記「生產成本」帳戶。本例中發出材料應負擔的是超支差異額，所以編製的會計分錄如下：

　　借：生產成本　　　　　　　　　　　　　　　　　　　　　　　　6,000
　　貸：材料成本差異　　　　　　　　　　　　　　　　　　　　　　　6,000

第 5 章　生產與入庫

學習目的：本章以企業經濟業務核算為例，進一步闡述了設置帳戶、借貸記帳法的實際應用問題。通過本章學習，學生要理解和掌握企業產品生產過程業務的具體核算內容，從而提高運用帳戶和借貸記帳法處理企業各種經濟業務的熟練程度。

5.1　生產環節概述

製造企業從材料投入生產，到產品完工入庫的過程稱為生產過程。在這一過程中，一方面要生產產品，另一方面要發生物化勞動和活勞動的耗費，如消耗各種材料，支付勞動者工資、廠房、機器設備的折舊等，是製造企業經營活動的中心環節。

企業在一定時期內發生的，用貨幣表現的生產耗費，稱為生產費用。這些生產費用最終都要歸集、分配到某項產品上，形成各產品的生產成本。其中有些費用在發生時，能直接確認是為生產某種產品而發生的，如生產某產品耗用的直接材料等，稱為直接費用；有些費用在發生時，不能直接確認是為生產哪種產品而發生的，如車間管理人員工資、車間設備折舊費等，稱為間接費用。除產品生產耗費外，企業在生產經營活動中還會發生其他方面的耗費，如銷售費用、管理費用、財務費用等，這些費用與產品的生產沒有直接關係，不計入產品的生產成本，而是作為期間費用之際計入當期損益。

因此，在產品生產過程中生產費用的發生、歸集和分配以及產品成本的計算，構成產品生產過程業務核算的主要內容。

5.2　生產環節的核算

5.2.1　帳戶設置

為了核算企業生產過程所發生的各項費用，計算產品成本，製造企業一般應設置以下帳戶：

（1）「生產成本」帳戶

「生產成本」帳戶是成本類帳戶，用來核算企業在生產過程中所發生的、應計入產品成本的各項生產費用。該帳戶的借方登記為生產產品所發生的直接材料、直接人工

和製造費用，貸方登記生產完工並驗收入庫產品的實際生產成本，期末余額在借方，表示在產品或者尚未完工產品的生產成本。為了反應各種產品所發生的費用，計算各種產品的成本，「生產成本」帳戶還應按產品品種或類別設置明細帳，進行明細核算。

(2)「製造費用」帳戶

「製造費用」帳戶屬於成本類帳戶，用來核算生產車間為了組織和管理生產而發生的、應計入產品成本的各項間接費用，包括車間管理人員工資、廠房及機器設備的折舊費、生產車間支付的辦公費、水電費等。該帳戶的借方登記發生的各項製造費用，貸方登記按一定標準分配計入有關產品成本的製造費用，月末，該帳戶一般無余額。該帳戶一般按車間或部門設置明細帳，並按費用項目設置專欄，進行明細核算。

(3)「應付職工薪酬」帳戶

「應付職工薪酬」帳戶屬於負債類帳戶，用來核算企業根據有關規定應付給職工的各種薪酬，職工薪酬包括：①職工工資、獎金、津貼及補貼；②職工福利費；③醫療保險、養老保險、失業保險、工傷保險和生育保險等社會保險以及住房公積金；④工會經費和職工教育；⑤非貨幣性福利；⑥因解除與職工的勞動關係給予的補償；⑦其他與獲得職工提供的服務相關的支出。該帳戶的貸方登記已分配計入有關成本費用項目的職工薪酬數額，借方登記實際發放職工薪酬的數額，期末余額在貸方，表示企業應付而未付的職工薪酬。該帳戶按應付職工薪酬項目進行明細核算。

(4)「累計折舊」帳戶

「累計折舊」帳戶屬於固定資產的抵減帳戶，資產類帳戶，核算企業固定資產在使用過程中的累計損耗價值。貸方登記企業計提的固定資產折舊，借方登記處置固定資產轉出的累計折舊，期末貸方余額，表示企業固定資產累計提取的折舊額。該帳戶按照固定資產的類別或項目進行明細核算。

(5)「庫存商品」帳戶

「庫存商品」帳戶是資產類帳戶，用來核算企業生產完工驗收入庫可供銷售產成品的增減變化及其結存情況。該帳戶借方登記已完工驗收入庫的庫存商品成本，貸方登記發出的庫存商品成本，余額在借方，表示期末庫存商品成本。該帳戶按庫存商品的種類、品種和規格進行明細核算。

(6)「管理費用」帳戶

「管理費用」帳戶是損益類帳戶，核算企業為組織和管理企業生產經營所發生的管理費用，包括企業的董事會和行政管理部門在企業的經營管理中發生的或者應由企業統一負擔的公司經費（包括行政管理部門職工薪酬、修理費、物料消耗、低值易耗品攤銷、辦公費和差旅費等）、工會經費、董事會費（包括董事會成員津貼、會議費和差旅費等）、聘請仲介機構費、諮詢費（含顧問費）、訴訟費、業務招待費、房產稅、車船使用稅、土地使用稅、印花稅、技術轉讓費、礦產資源補償費、研究費用、排污費以及企業生產車間（部門）和行政管理部門等發生的固定資產修理費用等。該帳戶借方登記企業發生的各項管理費用，貸方登記期末轉入「本年利潤」帳戶的管理費用，結轉后無余額。該帳戶按照費用項目進行明細核算。

5.2.2　生產業務核算的會計處理

5.2.2.1　材料費用的核算

製造企業在生產過程中要消耗大量的材料，各部門在領用材料時必須填製領料單，向倉庫辦理領料手續，倉庫部門根據領料單發料後，應將領料單傳遞給會計部門據以記帳。會計部門將領料單按所領材料的用途和種類進行匯總，編製「發料憑證匯總表」，作為發出材料核算的原始憑證。

【例1】新華公司5月末，根據「領料單」編製「發料憑證匯總表」（如表5-1所示），進行發出材料的核算。

表5-1　　　　　　　　　　發料憑證匯總表
201×年5月　　　　　　　　　　　　　　　單位：元

用途		A材料	B材料	C材料	合計
生產產品領用	甲產品	140,000	80,000	33,000	253,000
	乙產品	80,000	65,000	28,000	173,000
	小計	220,000	145,000	61,000	426,000
車間一般耗費		60,000	45,000	8,000	113,000
行政管理部門		20,000	20,000	4,000	44,000
合計		300,000	210,000	73,000	583,000

製造企業各部門領用材料，一方面使企業的材料減少，應記入「原材料」帳戶的貸方；另一方面使企業的成本費用增加，按不同的用途分別記入不同的帳戶：生產產品領用的材料，應記入「生產成本」帳戶的借方，車間一般耗費領用的材料應記入「製造費用」帳戶的借方，行政管理部門耗用的材料，應記入「管理費用」帳戶的借方。

新華公司201×年5月應根據「發出材料匯總表」編製如下會計分錄：

借：生產成本——甲產品　　　　　　　　　　　　　　　253,000
　　　　　　——乙產品　　　　　　　　　　　　　　　173,000
　　製造費用　　　　　　　　　　　　　　　　　　　　113,000
　　管理費用　　　　　　　　　　　　　　　　　　　　 44,000
　貸：原材料——A材料　　　　　　　　　　　　　　　　300,000
　　　　　　——B材料　　　　　　　　　　　　　　　　210,000
　　　　　　——C材料　　　　　　　　　　　　　　　　 73,000

5.2.2.2　職工薪酬的核算

企業應當在職工為其提供服務的會計期間，根據職工提供服務的受益對象，將應確認的職工薪酬計入相關產品成本或當期損益，同時確認應付職工薪酬。

【例2】新華公司5月末計算出應付職工薪酬100,000元,其中生產甲產品人員薪酬為55,000元,生產乙產品人員薪酬為20,000元,車間管理人員薪酬10,000元,行政管理部分人員薪酬15,000元。

該筆業務的發生,一方面使應付職工薪酬增加,應記入「應付職工薪酬」帳戶的貸方;另一方面使企業的成本費用增加,根據職工薪酬的不同用途,應分別記入不同的帳戶:生產工人薪酬,應記入「生產成本」帳戶的借方,車間管理人員薪酬應記入「製造費用」帳戶的借方,企業行政管理人員薪酬應記入「管理費用」帳戶的借方。

根據計算出來的應付職工薪酬,應編製如下會計分錄:

借:生產成本——甲產品　　　　　　　　　　　　　　　　55,000
　　　　　　——乙產品　　　　　　　　　　　　　　　　20,000
　　製造費用　　　　　　　　　　　　　　　　　　　　　10,000
　　管理費用　　　　　　　　　　　　　　　　　　　　　15,000
　　貸:應付職工薪酬——工資　　　　　　　　　　　　　100,000

【例3】從銀行提取現金100,000元,並發放上月職工工資。

該筆經濟業務包括兩部分,一是從銀行提取現金,二是以現金發放工資。

借:庫存現金　　　　　　　　　　　　　　　　　　　　100,000
　　貸:銀行存款　　　　　　　　　　　　　　　　　　100,000
借:應付職工薪酬——工資　　　　　　　　　　　　　　100,000
　　貸:庫存現金　　　　　　　　　　　　　　　　　　100,000

【例4】新華公司5月末,應向社會保險經辦機構繳納職工基本養老保險費共計12,000元,其中,生產甲產品人員6,600元,生產乙產品人員2,400元,車間管理人員1,200元,行政管理人員1,800元。

借:生產成本——甲產品　　　　　　　　　　　　　　　　6,600
　　　　　　——乙產品　　　　　　　　　　　　　　　　2,400
　　製造費用　　　　　　　　　　　　　　　　　　　　　1,200
　　管理費用　　　　　　　　　　　　　　　　　　　　　1,800
　　貸:應付職工薪酬——社會保險費　　　　　　　　　　12,000

5.2.2.3 製造費用的核算

企業為了生產產品除了發生直接材料和直接人工等直接費用,還會發生各項製造費用,這些費用屬於間接費用,不能直接計入產品成本。為了正確計算產品成本,必須先將這些費用先記入「製造費用」帳戶,然後再採用一定的方法分配計入產品成本。

分配製造費用,首先要選擇分配標準,常用的分配標準有生產工人工資、工人工時、機器工時等。

製造費用分配的計算公式如下:

製造費用分配率 = 各種製造費用總額 ÷ 各種產品的分配標準之和

某產品應分配的製造費用 = 該種產品的分配標準 × 製造費用分配率

【例5】新華公司5月末,計提固定資產折舊15,000元,其中生產車間用固定資產

折舊為10,000元，管理部門用固定資產折舊為5,000元。

該筆業務，一方面使企業的生產費用增加，根據固定資產的使用部門，分別記入「製造費用」和「管理費用」；另一方面使固定資產的折舊額增加，應記入「累計折舊」帳戶。

借：製造費用　　　　　　　　　　　　　　　　　　　　　　　　　10,000
　　管理費用　　　　　　　　　　　　　　　　　　　　　　　　　　5,000
　　貸：累計折舊　　　　　　　　　　　　　　　　　　　　　　　　　　15,000

【例6】月末，開出轉帳支票一張支付水電費9,500元，其中生產車間水電費為7,000元，管理部門水電費為2,500元。

該筆業務，一方面使企業的銀行存款減少，應記入「銀行存款」帳戶的貸方；另一方面使企業的生產費用增加，應按用途分別記入「製造費用」和「管理費用」帳戶的借方。該項經濟業務的會計分錄如下：

借：製造費用　　　　　　　　　　　　　　　　　　　　　　　　　7,000
　　管理費用　　　　　　　　　　　　　　　　　　　　　　　　　　2,500
　　貸：銀行存款　　　　　　　　　　　　　　　　　　　　　　　　　9,500

【例7】根據上述［例1］～［例6］的經濟業務歸集本月發生的製造費用總額140,000元，按甲、乙兩種的生產工時比例分配製造費用。甲產品的生產工時為3,500小時，乙產品的生產工時為1,500小時。月末，會計部門編製「製造費用分配表」（如表5-2所示），進行製造費用的分配。

表5-2　　　　　　　　　　　　　製造費用分配表

201×年5月　　　　　　　　　　　　　　單位：元

分配對象	分配標準	分配率	分配金額
甲產品	3,500	140,000÷5,000＝28元/小時	98,000
乙產品	1,500		42,000
合計	5,000		140,000

該筆經濟業務的發生，一方面使企業的製造費用減少，應記入「製造費用」帳戶的貸方；另一方面使產品生產成本增加，應記入「生產成本」帳戶的借方。

根據「製造費用分配表」作如下會計分錄：

借：生產成本——甲產品　　　　　　　　　　　　　　　　　　　　98,000
　　　　　　——乙產品　　　　　　　　　　　　　　　　　　　　42,000
　　貸：製造費用　　　　　　　　　　　　　　　　　　　　　　　　140,000

5.2.2.4　其他費用的核算

【例8】廠部辦公室小王出差預借差旅費3,000元，用現金支付。

廠部管理人員的差旅費應屬於管理費用的開支範圍，但借支差旅費只表示暫付給小王一筆款項，尚未形成企業的一項費用，暫付款構成企業的一項債權。該筆經濟業

務，一方面使企業的現金減少，應記入「庫存現金」帳戶的貸方，另一方面是企業的債權增加，記入「其他應收款」帳戶的借方。

  借：其他應收款——小王   3,000
    貸：庫存現金   3,000

【例9】小王出差歸來報銷差旅費2,500元，退回現金500元。

該筆經濟業務一方面使企業的債權減少，記入「其他應收款」帳戶的貸方，另一方面使企業的費用和現金增加，分別應記入「管理費用」和「庫存現金」帳戶的借方。

  借：管理費用   2,500
    庫存現金   500
    貸：其他應收款——小王   3,000

5.3　產品成本計算及入庫

5.3.1　成本項目的劃分

產品成本是企業為生產一定種類和數量的產品所發生的各項生產費用的總額。產品生產成本的計算，就是按照一定的成本計算對象，歸集和分配在產品生產過程中所發生的各項生產費用，並計算各產品的總成本和單位成本。

根據生產特點和管理要求，企業一般可以設立以下幾個成本項目：

（1）直接材料，指企業在生產產品和提供勞務過程中所消耗的直接用於產品生產並構成產品實體的原料、主要材料、外購半成品以及有助於產品形成的輔助材料等；

（2）直接人工，指企業在生產產品和提供勞務過程中，直接參加產品生產的工人工資以及其他各種形式的職工薪酬；

（3）製造費用，指企業為生產產品和提供勞務而發生的各種間接費用，包括生產車間管理人員的工資等職工薪酬、折舊費、辦公費、水電費等。

5.3.2　產品成本計算的程序

企業的生產工藝特點、生產組織方式及管理要求不同，可以採用不同的成本計算方法。這些方法大致包括以下程序：

（1）確定成本計算對象

所謂成本計算對象就是費用的歸屬對象。在製造企業裡，成本計算對象可以是產品、半產品，也可以是車間或生產步驟，企業應該根據自己的實際情況確定成本計算對象，以便正確、及時歸集和分配生產費用，準確計算產品成本。

（2）確定成本計算期

成本計算期是指多長時間計算一次成本。製造企業一般應以生產週期作為成本計算期，即產品完工時計算產品成本，對於重複大量生產的企業可以以一個月作為成本計算期，按月計算產品成本。

(3) 歸集和分配各項費用

確定好成本計算對象和成本計算期後，應根據成本計算的要求，對本期發生的各項費用在各成本計算對象之間進行歸集和分配。對於直接材料、直接人工等直接費用直接計入產品成本；各項間接費用採用一定的方法分配計入產品成本。

(4) 費用在完工產品和在產品之間進行分配

企業按月計算產品成本時，如果某種產品已經完工，這種產品的各項費用之和，就是該種產品的完工產品成本；如果某產品沒有完工產品，則計入該產品的全部生產費用均為月末在產品成本；如果某產品期末既有完工產品，又有在產品，則該產品的生產費用就要採用一定的方法在完工產品和在產品之間進行分配。計算公式為：

某完工產品成本＝該產品期初在產品成本＋該產品本期發生的生產費用－該產品期末在產品成本

(5) 編製成本計算單

在成本計算過程中，要按成本計算對象設置和登記成本明細帳，根據帳戶資料，編製各種成本計算單，以計算確定各種成本計算對象的總成本和單位成本。

5.3.3 產品成本計算及入庫

產品成本計算，應按成本計算對象（如：按品種或類別）設置「生產成本明細帳」，並按成本項目設置專欄，以便歸集和分配所發生的各項費用，正確計算產品的總成本和單位成本。

【例10】根據前面［例1］～［例9］的資料計算甲、乙兩種產品的生產成本，為了簡化核算，假設甲、乙產品均無期初在產品，月末產品全部完工入庫。

將上述生產過程主要經濟業務會計分錄登記入帳後，「生產成本」明細分類帳戶的記錄如表5－3、表5－4所示。

表5－3　　　　　　　　　　　　生產成本明細帳

產品名稱：甲產品

201×年		憑證號數	摘要	借方				貸方	餘額
月	日			直接材料	直接人工	製造費用	合計		
5	略	5－1	生產領用材料	253,000			253,000		
		5－2	分配生產工人工資		55,000		55,000		
		5－7	分配製造費用			98,000	98,000		
			結轉完工入庫產品成本（100件）					406,000	
			本期發生額及余額	253,000	55,000	98,000	406,000	406,000	平

表 5-4　　　　　　　　　　　　生產成本明細帳

產品名稱：乙產品

201×年		憑證號數	摘要	借方				貸方	余額
月	日			直接材料	直接人工	製造費用	合計		
5	略	5-1	生產領用材料	173,000			173,000		
		5-2	分配生產工人工資		20,000		20,000		
		5-7	分配製造費用			42,000	42,000		
			結轉完工入庫產品成本（80件）					235,000	
			本期發生額及余額	173,000	20,000	42,000	235,000	235,000	平

根據甲、乙兩種產品的「生產成本明細帳」資料，編製「產品成本計算單」，如表 5-5 所示。

表 5-5　　　　　　　　　　　　產品成本計算單

201×年 5 月

成本項目	甲產品（100件）		乙產品（80件）	
	總成本	單位成本	總成本	單位成本
直接材料	253,000	2,530	173,000	2,162.5
直接人工	55,000	550	20,000	250
製造費用	98,000	980	42,000	525
合計	406,000	4,060	235,000	2,937.5

【例 11】本月完工的甲、乙兩種產品已驗收入庫，結轉本月完工產品成本。

隨著產品的完工入庫，一方面，企業的庫存商品增加，記入「庫存商品」帳戶的借方，另一方面，企業的生產成本減少，記入「生產成本」帳戶的貸方。

　　借：庫存商品——甲產品　　　　　　　　　　　　　　　　406,000
　　　　　　　　　——乙產品　　　　　　　　　　　　　　　　235,000
　　　貸：生產成本——甲產品　　　　　　　　　　　　　　　　406,000
　　　　　　　　　——乙產品　　　　　　　　　　　　　　　　235,000

以上各主要業務的總分類核算如圖 5-1 所示。

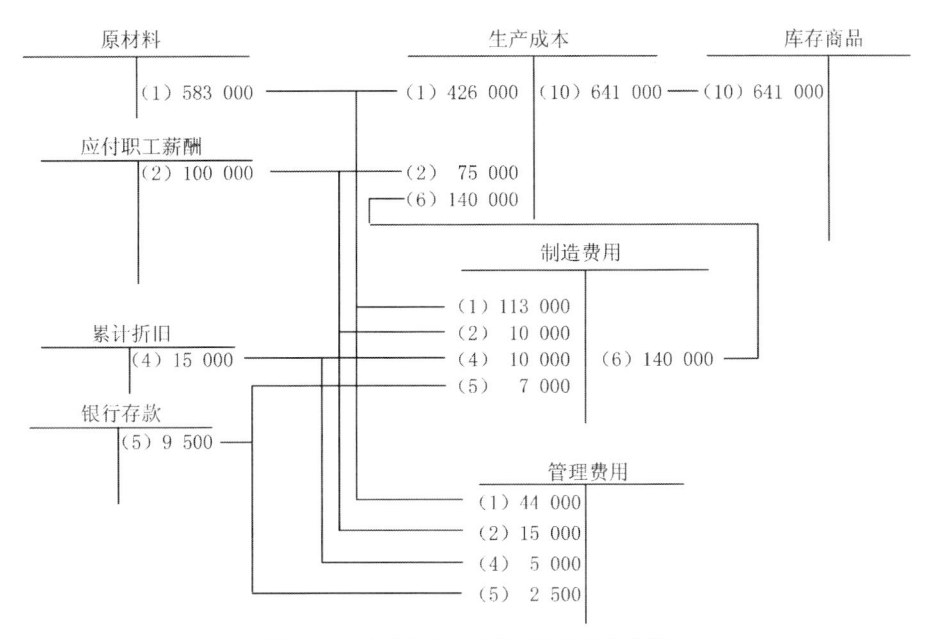

```
原材料                    生产成本                库存商品
    (1) 583 000    ──    (1) 426 000  (10) 641 000 ── (10) 641 000
应付职工薪酬
    (2) 100 000    ──    (2)  75 000
                          (6) 140 000
                                          制造费用
                                       (1) 113 000
                                       (2)  10 000
累计折旧                                 (4)  10 000  (6) 140 000
    (4)  15 000    ──    (5)   7 000

银行存款
    (5)   9 500    ──
                                          管理费用
                                       (1)  44 000
                                       (2)  15 000
                                       (4)   5 000
                                       (5)   2 500
```

圖 5-1　生產過程主要業務總分類核算圖

第 6 章　銷售與收款

學習目的： 本章以企業經濟業務核算為例，進一步闡述了設置帳戶、借貸記帳法的實際應用問題。通過本章學習，學生要理解和掌握企業產品銷售與收款業務的具體核算內容，從而提高運用帳戶和借貸記帳法處理企業各種經濟業務的熟練程度。

銷售過程是製造企業資金循環的第四個階段，也是企業生產過程的最後一個階段。企業的銷售過程是從銷售商品、產品，提供勞務開始，到取得銷售收入直至收回貨款為止的全過程，也是企業產品價值和經營成果的實現過程。在這一過程中，一方面要將產成品出售給購買者，另一方面要按照產品銷售價格向購買單位收取貨款。這一過程結束時，企業的經營資金從產品資金形態轉換為貨幣資金形態，完成了一次資金循環，從而為企業的持續經營和再生產規模的擴大提供物質保障。因此，企業需加強和重視銷售過程的管理組織工作和會計核算。

6.1　銷售環節概述

6.1.1　銷售環節的主要內容

銷售有廣義和狹義之分。廣義的銷售是指企業向外部銷售各種物品所發生的買賣活動，包括對外的勞務提供和對外出售所有有形的和無形的資產；狹義的銷售則僅指企業產成品的銷售。銷售收入按經營業務的主次，分為主營業務收入和其他業務收入。主營業務收入是企業確認的銷售商品、提供勞務所取得的收入；其他業務收入是企業確認的除主營業務以外的其他經營活動實現的收入，包括出租固定資產、出租無形資產、出租包裝物和商品等。

企業為了銷售產品還要發生包裝費、運輸費和廣告費等銷售費用，這些耗費與銷售產品有關，但無法按特定產品歸集，應作為期間費用按照會計期間來歸集。此外，企業在取得銷售收入時，應按國家有關稅法的規定計算繳納相關稅費。

綜上所述，企業銷售環節核算的主要內容包括：一是銷售產品確認實現的銷售收入；二是與購貨單位辦理結算，支付各項銷售費用；三是結轉產品的銷售成本；四是計算影響國家交納的銷售稅金及附加費等。

6.1.2 銷售收入的確認與計量

產品銷售收入的確認，主要是兩方面的問題：一是什麼時候確認收入，二是收入確認多少，即時間和金額的確認。

6.1.2.1 銷售收入確認原則

進行銷售收入的核算，關鍵是確認銷售收入的實現，即解決銷售收入應於何時入帳。

確認銷售收入應遵循權責發生制原則和配比原則。

（1）權責發生制原則。在權責發生制下，各會計期間是以收款權利的取得來確認收入，即不論款項是否收到，只要能夠確定企業已經取得收款權利，即可確認為企業的收入。

（2）配比原則。所謂配比即配合比較。配比原則是對企業將一定會計期間的收入與其費用之間進行配合比較的基本要求。該原則要求：「企業進行會計核算時，收入與其成本、費用應當相互配比，同一會計期間的各項收入和與其相關的成本、費用，應當在該會計期間內確認。」

配比原則既是權責發生制在會計核算中的具體體現，同時也是對權責發生制的進一步補充和完善。銷售商品的收入，應當在下列條件均能滿足時予以確認：

（1）企業已將商品所有權上的主要風險和報酬轉移給購貨方。

（2）企業既沒有保留通常與所有權相聯繫的繼續管理權，也沒有對已售出的商品實施有效控制。

（3）與交易相關的經濟利益很可能流入企業。

（4）相關的收入和成本能夠可靠地計量。

6.1.2.2 銷售收入時間確認

一般來說，產品銷售收入的時間確認，因銷售方式的不同有以下幾種情況：

（1）交款提貨銷售。在收到貨款或獲取收款權利並將發票帳單和提貨單交給買方后確認收入，這是最一般的銷售方式下的收入確認。

（2）預收貨款銷售。在向訂貨方提供產品，即產品發出時確認收入。

（3）委託他人銷售產品。在收到受託方的代銷清單時確認收入。

（4）分期收款銷售。按合同規定的收款日期確認收入。

6.1.2.3 銷售收入計量

銷售商品收入確認后，其金額應按企業與購貨方簽訂的合同或協議金額或雙方接受的金額確定。企業在銷售產品的過程中，有時會代第三方或客戶收取一些款項（如代國家收取的增值稅），這些代收款項應作為暫收款計入相關的負債類科目，不作為企業的收入處理。

6.1.3 費用的確認與計量

企業實現的收入減去費用，等於利潤。在收入一定的情況下，費用越低，利潤就

越高；費用越高，利潤就越低，甚至虧損。所以，加強費用核算，對於正確計算企業利潤和進行利潤分配有重要意義。

6.1.3.1 費用的定義與分類

(1) 費用的定義

費用是指企業在日常活動中發生的、會導致所有者權益減少的、與向所有者分配利潤無關的經濟利益的總流出。費用的發生意味著資產的減少或負債的增加，並最終會減少企業的所有者權益。

費用包括企業日常活動所產生的經濟利益的總流出，主要是指為取得營業收入進行產品銷售等營業活動所發生的企業貨幣資金的流出，具體包括成本費用和期間費用。企業為生產產品、提供勞務等發生的可歸屬於產品成本、勞務成本等的費用，應當在確認銷售商品收入、提供勞務收入等時，將已銷售商品、已提供勞務的成本計入當期損益。成本費用包括主營業務成本、其他業務成本、營業稅金及附加等。期間費用是指企業日常活動發生的不能計入特定核算對象的成本，而計入發生當期損益的費用。期間費用發生時直接計入當期損益。期間費用包括銷售費用、管理費用和財務費用。

(2) 費用的分類

按照經濟內容，可以把費用分為外購材料、外購燃料、外購動力、工資及職工福利費、折舊費、利息支出、稅金和其他費用。

6.1.3.2 成本與費用的聯繫和區別

成本與費用是兩個既有聯繫又有區別的概念。首先，成本是對象化的費用，生產成本是相對於一定的產品對象所發生的費用，它是按照產品品種等成本計算對象對當期發生的費用進行歸集所形成的。在按照費用的經濟用途分類中，企業一定期間發生的各項直接費用和製造費用總和，構成了一定期間的生產成本。同時，對於上述費用來說，其發生的過程同時也就是產品成本的形成過程。其次，費用是某一時期為進行生產而發生的，它與一定的期間相聯繫；產品成本是為生產某一種產品或幾種產品而消耗的費用，它與一定種類和數量的產品相聯繫。

成本與費用是相互轉化的。某一期間的費用將構成本期完工產品成本的主要部分；但是，本期完工產品成本並不都是由本期所發生的費用所形成，它可能還包括期初結轉的未完工產品的成本，即上期所發生的費用；同樣，本期的全部費用也不都是形成本期的完工產品成本，它包括一些應結轉至下期的期末未完工產品上的支出，還包括一些不歸入具體產品成本的期間費用。

6.1.3.3 費用的確認原則

費用的確認是將企業發生地會計事項作為費用正式入帳並列入利潤表的過程。在具體確認時，應遵循如下原則：

(1) 劃分收益性支出與資本性支出原則

該原則要求「企業的會計核算應當合理劃分收益性支出與資本性支出的界限。凡支出的效益僅及於本年度（或一個營業週期）的，應當作為收益性支出；凡支出的效

益及於幾個會計年度（或幾個營業週期）的，應當作為資本性支出」。

　　企業在生產過程中會發生各種各樣的支出，但這些支出在生產經濟營過程中發揮效益的期限是有差別的。如企業採購的材料一般在購入後很快應被用於產品生產等，發揮效益的期間一般不會超過一年。購入的設備就不同，它往往會在企業生產的多個年度內被使用，在多個會計年度發揮其效益。前者即為收益性支出，對收益性支出在發生后會形成企業的費用，如購入材料會形成材料採購費用，材料被消耗後即轉化為產品的生產費用，經過歸集構成了產品的生產成本，產品生產完工后，其中的材料費用又轉化為庫存商品成本，當產品被銷售以後，其中的材料費用又隨之轉化為產品銷售成本的一個組成部分，但隨著產品的被銷售，就會給企業帶來經濟利益；而發生在購買設備則為資本性支出。在正常情況下，企業購入的設備能夠在多個會計期間使用，能夠在多個會計期間用於產品的生產，並且在每個會計期間都會給企業帶來經濟利益的流入。因而，這樣的支出在發生以後就應按其實際使用情況等，計入多個會計期間的費用中去，在設備使用的每個會計期間都應負擔相應有設備使用費用，即提取固定資產折舊。可見，將企業發生的所有支出劃分為收益性支出和資本性支出兩類，其目的是為了合理地確認各個會計期間的經營成果。在會計上，對以上兩類支出應採用不同的方法進行核算，以便將這些支出合理地進入有關的會計期間。

　　（2）權責發生制原則

　　劃分收益性支出與資本性支出原則，只是為費用的確認作出時間上的大致區分，而權責發生制原則規定了具體在什麼時間上確認費用。按照該原則，凡是當期已經發生或應當負擔的費用，不論款項是否收付，都應作為當期的費用；凡是不屬於當期的費用，即使款項已在當期支付，也不應當作為當期的費用。

　　（3）配比原則

　　配比原則要求企業在進行收入與費用之間的比較時應注意兩點：一是收入與費用在時間關係上的配比，即同一會計期間的各項收入與其相關的成本、費用，應當在該會計期間內確認。如企業在確認「主營業務收入」的同時，也應當確認與其相關的「主營業務成本」，在確認「其他業務收入」的同時，也應當確認與其相關的「其他業務成本」等。這樣就使同期確認的收入與相關的費用在同一會計期間都得到了及時確認，並便於進行合理地配比。而不同會計期間所確認的「主營業務收入」與「主營業務成本」之間是不能進行配比的，因為它們不屬於同一會計期間發生的。二是因果關係的配比，即一定的收入必須與其之相關的費用進行配比。例如，一定傳動軸計期間的主營業務成本的發生與營業務收入的實現之間存在必然的因果關係，就可以將主營業務收入與主營業務成本相互配比，借以確認企業主營業務的成果。而不能將主營業務收入與其他業務成本進行配比，因為兩者之間不存在因果關係。反之也是一樣。

6.1.3.4　費用的計量

　　費用是通過所使用或所耗用的商品的價值進行計量的。其計量標準一般採用實際成本，不得以計劃成本或估計成本代替實際成本。

6.2　銷售環節的核算

6.2.1　主營業務的核算

本節企業界定的範圍為製造業企業，它的主營業務範圍包括銷售商品、自製半成品等。主營業務核算的主要內容就是主營業務收入的會計確認與計量、主營業務成本的計算與結轉、銷售費用的發生與歸集、營業稅金的計算與繳納以及貨款的收回等。

6.2.1.1　應設置的帳戶

為了正確核算主營業務中所發生的經濟業務，在會計上，一般需要設置「主營業務收入」「主營業務成本」「營業稅金及附加」「銷售費用」等帳戶，分別核算收入的實現及其結轉、成本的發生及其轉銷、稅金的計算及其轉出以及銷售費用的歸集的具體內容。對於貨款的結算還應設置「應收帳款」「應收票據」「預收帳款」等帳戶。下面分別介紹上述帳戶的結構：

（1）「主營業務收入」帳戶

「主營業務收入」帳戶屬於損益類帳戶，是用來核算企業在銷售商品、提供勞務等日常活動中所產生的收入。該帳戶貸方登記企業銷售商品（包括產成品、自製半成品等）或讓渡資產使用權所實現的收入；借方登記發生的銷售退回和期末轉入「本年利潤」帳戶的收入，結轉后，該帳戶期末無余額。本帳戶按主營業務的種類設置明細帳，進行明細分類核算。其一般結構如表6-1所示。

表6-1　　　　　　　　「主營業務收入」帳戶結構

借方	主營業務收入	貸方
①銷售退回等； ②期末轉入「本年利潤」帳戶數額	實現的主營業務收入數額	
	期末一般沒有余額	

（2）「主營業務成本」帳戶

「主營業務成本」帳戶屬於損益類帳戶，是用來核算企業因銷售商品、提供勞務等日常活動而發生的實際成本。該帳戶的借方登記已售商品、提供的各種勞務等的實際成本；貸方登記當月發生銷售退回的商品成本和期末轉入「本年利潤」帳戶的當期銷售成本，期末結轉后該帳戶應無余額。本帳戶按主營業務的種類設置明細帳，進行明細分類核算。其一般結構如表6-2所示。

表 6-2　　　　　　　　　　　「主營業務成本」帳戶結構

借方	主營業務成本	貸方
結轉已銷商品、提供勞務的實際成本	①銷售退回等； ②期末轉入「本年利潤」帳戶數額	
期末一般沒有余額		

(3)「營業稅金及附加」帳戶

「營業稅金及附加」帳戶屬於損益類帳戶，是用來核算企業日常活動應負擔的稅金及附加。包括營業稅、消費稅、城市維護建設稅、資源稅、土地增值稅和教育費附加等。該帳戶借方登記按照規定計算的與經營活動相關的稅金及附加；貸方登記企業收到的先徵后返的消費稅、營業稅等原記入本科目的各種稅金，以及期末轉入「本年利潤」帳戶中的營業稅金及附加。期末結轉后本帳戶應無余額。其一般結構如表 6-3 所示。

表 6-3　　　　　　　　　　　「營業稅金及附加」帳戶結構

借方	營業稅金及附加	貸方
按規定計算確定的與經營活動相關的稅費	①企業收到的先徵后返的消費稅、營業稅等原記入本科目的各種稅金； ②期末轉入「本年利潤」帳戶數額	
期末一般沒有余額		

(4)「銷售費用」帳戶

「銷售費用」帳戶屬於損益類帳戶，是用來核算企業銷售商品過程中發生的費用，包括運輸費、裝卸費、包裝費、保險費、展覽費和廣告費，以及為銷售本企業商品而專設的銷售機構（含銷售網點、售后服務網點等）的職工工資及福利費、類似工資性質的費用、業務費等經營費用。該帳戶的借方登記發生的各種銷售費用；貸方登記轉入「本年利潤」帳戶的銷售費用；期末結轉后該帳戶應無余額。其一般結構如表 6-4 所示。

表 6-4　　　　　　　　　　　「銷售費用」帳戶結構

借方	銷售費用	貸方
①企業銷售商品和材料過程中發生的各種費用； ②與專設銷售機構相關的固定資產修理費用等后續支出	期末轉入「本年利潤」帳戶數額	
期末一般沒有余額		

(5)「應交稅費」帳戶

①「應交稅費」帳戶是負債類科目，用來反應和核算企業按照稅法等規定計算應交納的各種稅費，包括增值稅、消費稅、營業稅、所得稅、資源稅、土地增值稅、城市維護建設稅、房產稅、土地使用稅、車船使用稅、教育費附加、礦產資源補償費等。

企業代扣代交的個人所得稅等，也通過本科目核算。除增值稅設置 2 個明細科目（即應交增值稅和未交增值稅）外，對於應交其他稅款的核算，本科目按稅種設置明細帳，進行明細核算。其一般結構如表 6-5 所示。

表 6-5　　　　　　　　　「應交稅費」帳戶結構

借方	應交稅費——應交××稅	貸方
登記企業已交的稅款	登記企業按規定計算的應交稅款	
	余額：表示企業尚未交納的稅款	

②「應交稅費——應交增值稅」帳戶。它是負債類科目，用來核算企業由於銷售產品或提供勞務而應繳納的增值稅稅額。其一般結構如表 6-6 所示。

表 6-6　　　　　「應交稅費——應交增值稅」帳戶結構

借方	應交稅費——應交增值稅	貸方
登記企業購進貨物或接受應稅勞務而支付的增值稅進項稅額和實際繳納的增值稅額	登記企業銷售貨物或提供應稅勞務而收到的增值稅銷項稅額等	
余額：表示企業多繳或尚未抵扣的增值稅額	余額：表示企業當期應繳但尚未繳納的增值稅	

該帳戶下設「進項稅額」「已交稅金」「銷項稅額」等專欄。「進項稅額」專欄登記企業購入貨物或接受應稅勞務而支付給對方的、準予從銷項稅額中抵扣的增值稅額；「已交稅金」專欄登記企業已繳納的增值稅額；「銷項稅額」專欄登記企業銷售貨物或提供應稅勞務而從購貨方或接受勞務方收取的增值稅額。

(6)「應收帳款」帳戶

「應收帳款」帳戶屬於資產類帳戶，是用來核算企業因銷售商品、產品、提供勞務等，應向購貨單位或接受勞務單位收取的款項。不單獨設置「預收帳款」帳戶的企業，預收的帳款也在本帳戶核算（因為兩帳戶同屬於銷售環節）。該帳戶借方登記實現收入發生的應收款和已轉作壞帳損失又收回的應收款，以及代購貨單位墊付的包裝、運雜費等；貸方登記實際收到的應收款項和企業將應收款改用商業匯票結算而收到承兌的商業匯票，以及轉作壞帳損失的應收帳款。月末借方余額表示應收但尚未收回的款項（見表 6-7）。

表 6-7　　　　　　　　　「應收帳款」帳戶結構

借方	應收帳款	貸方
期初余額：期初未收的貨款 本期發生額： ①本期發生的應收貨款； ②已轉作壞帳損失又收回的應收款； ③代購貨單位墊付的包裝、運雜費		本期發生額： ①本期實際收回的貨款； ②企業將應收款改用商業匯票結算而收到承兌的商業匯票； ③轉作壞帳損失的應收帳款
期末余額：期末尚未收回的貨款		

(7)「應收票據」帳戶

「應收票據」帳戶屬於資產類帳戶,是用來核算企業因銷售商品、提供勞務等而收到的商業匯票。該帳戶借方登記企業收到的應收票據;貸方登記票據到期收回的票面金額和持未到期票據向銀行貼現的票面金額;月末借方余額表示尚未到期的應收票據金額(見表6-8)。

表6-8　　　　　　　　　　　「應收票據」帳戶結構

借方	應收票據	貸方
期初余額:期初未到期應收票據 本期發生額:本期企業收到的應收票據	本期發生額: ①票據到期收回的票面金額; ②持未到期票據向銀行貼現的票面金額	
期末余額:期末尚未到期的應收票據金額		

(8)「預收帳款」帳戶

「預收帳款」帳戶屬於負債類帳戶,是用來核算企業按照合同規定向購貨單位預收的款項,屬於負債類帳戶。該帳戶的貸方登記預收購貨單位的款項和購貨單位補付的款項;借方登記銷貨單位發出商品銷售實現和退回多付的款項。該帳戶月末余額一般在貸方,表示預收購貨單位的款項(見表6-9)。

表6-9　　　　　　　　　　　「主營業務收入」帳戶結構

借方	預收帳款	貸方
本期發生額: ①銷售實現時,按實際收入衝銷預收款數額; ②退回多付的款項	期初余額:期初預收帳款實有數 本期發生額:本期預收款項的增加數	
	期末余額:期末預收購貨單位的款項	

6.2.1.2　會計處理

(1)通常情況下銷售商品的處理

確認銷售商品收入時,企業應按已收或應收的合同或協議價款,加上應收取的增值稅額,借記「銀行存款」「應收帳款」「應收票據」等科目,按確定的收入金額,貸記「主營業務收入」等科目,按應收取的增值額稅,貸記「應交稅費——應交增值稅(銷項稅額)」科目;按照企業結轉銷售成本的具體規定,同時或在月末結轉已銷商品的成本;同時或在資產負債表日,按應繳納的消費稅、資源稅、城市維護建設稅、教育費附加等稅費金額,借記「營業稅金及附加」科目,貸記「應交稅費——應交消費稅(應交資源稅、應交城市維護建設稅等)」科目。

如果售出商品不符合收入確認條件,則不應確認收入,已經發出的商品,應當通過「發出商品」科目進行核算。

【例1】甲公司向乙公司銷售一批A產品,開出的增值稅專用發票上註明的銷售價

格為200,000元，增值稅稅額為34,000元，產品已經發出，款項尚未收到。該批產品成本為160,000元。乙公司已將該批產品驗收入庫。假定不考慮其他因素。

該筆經濟業務的發生，①確認收入時，一方面使企業實現產品銷售收入200,000元（雖然沒有收到，但應該確認為本期的收入），增值稅稅額增加34,000元；另一方面使企業的應收帳款增加234,000元。因此，該業務涉及「主營業務收入」「應交稅費——應交增值稅（銷項稅額）」和「應收帳款」三個帳戶。②結轉成本時，一方面使企業庫存商品A減少160,000元；另一方面使企業的主營業務成本增加160,000元，涉及「庫存商品」和「主營業務成本」兩個帳戶。其會計分錄如下：

借：應收帳款　　　　　　　　　　　　　　　　　234,000
　　貸：主營業務收入　　　　　　　　　　　　　　　200,000
　　　　應交稅費——應交增值稅（銷項稅額）　　　　34,000
借：主營業務成本　　　　　　　　　　　　　　　　160,000
　　貸：庫存商品　　　　　　　　　　　　　　　　　160,000

【例2】接上例，計算已銷A產品應繳納的消費稅，按銷售收入的10%計算，稅金為20,000元。

該筆經濟業務的發生，一方面表明增加稅金支出20,000元，計入「營業稅金及附加」帳戶的借方；另一方面因稅金尚未繳納，應計入「應交稅費——應交消費稅」帳戶的貸方。其會計分錄如下：

借：營業稅金及附加　　　　　　　　　　　　　　　20,000
　　貸：應交稅費——應交消費稅　　　　　　　　　　20,000

【例3】甲公司用銀行存款支付本章［例1］中已銷產品的運費600元。其會計分錄如下：

借：銷售費用　　　　　　　　　　　　　　　　　　　600
　　貸：銀行存款　　　　　　　　　　　　　　　　　　600

【例4】若甲公司本期應交納的城市維護建設稅為1,400元，教育費附加600元，帳務處理如下：

借：營業稅金及附加　　　　　　　　　　　　　　　　2,000
　　貸：應交稅費——城市維護建設稅　　　　　　　　1,400
　　　　　　　　——教育費附加　　　　　　　　　　　600
實際繳納消費稅、城建稅和教育費附加時：
借：應交稅費——應交消費稅　　　　　　　　　　　20,000
　　　　　　——城市維護建設稅　　　　　　　　　　1,400
　　　　　　——教育費附加　　　　　　　　　　　　　600
　　貸：銀行存款　　　　　　　　　　　　　　　　　22,000

（2）預收款銷售商品

【例5】甲公司收到丙公司預訂B產品的貨款33,000元存入銀行。

這筆經濟業務的發生，一方面使企業銀行存款增加33,000元，另一方面增加丙公司的預收款33,000元。因此，該業務涉及「預收帳款」「銀行存款」兩個帳戶，其會

計分錄如下：
  借：銀行存款   33,000
   貸：預收帳款   33,000

【例6】甲公司按合同向丙公司發出 B 產品 100 件，單價 300 元，單位成本為 200 元，增值稅專用發票上註明價款為 30,000 元，增值稅 5,100 元，共計 35,100 元。扣除上月預收的貨款 33,000 元外，餘款 2,100 元收到並存入銀行。

這筆經濟業務的發生，①應確認收入的實現，一方面使企業實現 30,000 元的銷售收入，增值稅銷項稅額增加 5,100 元；另一方面使企業預收丙公司的帳款減少 35,100 元，銀行存款增加 2,100 元。因此，該業務涉及「預收帳款」「銀行存款」「主營業務收入」和「應交稅費——應交增值稅（銷項稅額）」四個帳戶，其中，預收款減少是企業負債的減少，應計入「預收帳款」帳戶的借方。②結轉已銷產品的成本。其會計分錄如下：

  借：預收帳款   35,100
   貸：主營業務收入   30,000
     應交稅費——應交增值稅（銷項稅額）   5,100
  借：銀行存款   2,100
   貸：預收帳款   2,100
  借：主營業務成本   20,000
   貸：庫存商品   20,000

6.2.2 其他業務的核算

企業在經營過程中，除了要發生主營業務之外，還會發生一些非經常性的、具有兼營性的其他業務。其他業務（也稱附營業務）是指企業在經營過程中發生的除主營業務以外的其他銷售業務，包括銷售材料、出租包裝物等活動。對於不同的企業而言，主營業務與其他業務的內容劃分並不是絕對的，一個企業的主營業務可能是另一個企業的其他業務，即便在一個企業裡，不同期間的主營業務和其他業務的內容也不是固定不變的。由於其他業務不屬於企業的主要經營業務範圍，按照重要性的要求，對其他業務的核算採取比較簡單的方法。其他業務收入和成本的確認原則和計量方法與主營業務基本相同，但相對而言，沒有主營業務的要求嚴格。

6.2.2.1 應設置的帳戶

為了正確核算其他業務中所發生的經濟業務，在會計上，一般需要設置「其他業務收入」「其他業務成本」等帳戶。下面分別介紹上述帳戶的結構：

(1)「其他業務收入」帳戶

「其他業務收入」帳戶屬於損益類帳戶，是用來核算企業除主營業務收入以外的其他銷售或其他業務所取得的收入。該帳戶的貸方登記企業獲得的其他業務收入，借入登記期末結轉到「本年利潤」帳戶的其他業務收入，結轉以後該帳戶期末無餘額。本帳戶應按其他業務的種類設置明細帳，進行明細分類核算。其一般結構如表 6-10 所示。

表 6-10　　　　　　　　　　「其他業務收入」帳戶結構

借方	其他業務收入	貸方
期末轉入「本年利潤」帳戶數額	實現的其他業務收入數額	
	期末一般沒有余額	

（2）「其他業務成本」帳戶

「其他業務成本」帳戶屬於損益類帳戶，是用來核算企業其他業務所發生的各項支出。包括為獲得其他業務收入而發生的相關成本、費用等。該帳戶的借方登記其他業務所發生的各項支出，貸方登記期末結轉到「本年利潤」帳戶的其他業務成本，結轉以后該帳戶應無余額。本帳戶應按其他業務的種類設置明細帳，進行明細分類核算。其一般結構如表 6-11 所示。

表 6-11　　　　　　　　　　「其他業務成本」帳戶結構

借方	其他業務成本	貸方
本期發生的其他業務成本數額	期末轉入「本年利潤」帳戶數額	
期末一般沒有余額		

6.2.2.2　會計處理

企業確認的其他業務收入，借記「銀行存款」「應收帳款」等帳戶，貸記「其他業務收入」「應交稅費——應交增值稅（銷項稅額）」等帳戶。對於銷售的原材料，還應該在確認收入的同時結轉原材料的成本；對於出租的固定資產、無形資產還應該按月在「其他業務成本」中計提累計折舊（或累計攤銷）。具體會計處理如下：

【例7】某公司於 201×年 4 月銷售多余材料一批，成本為 3,000 元，售價 5,000 元，增值稅稅額為 850 元，款項未收到。

該筆經濟業務的發生，①確認收入時，一方面使企業實現材料銷售收入 5,000 元（雖然沒有收到，但應該確認為本期的收入），增值稅稅額增加 850 元；另一方面使企業的應收帳款增加 5,850 元。因此，該業務涉及「其他業務收入」「應交稅費——應交增值稅（銷項稅額）」和「應收帳款」三個帳戶。②結轉成本時，一方面使企業庫存材料減少 3,000 元；另一方面使企業的其他業務成本增加 3,000 元，涉及「原材料」和「其他業務成本」兩個帳戶。其會計分錄如下：

借：應收帳款　　　　　　　　　　　　　　　　　　　　　5,850
　　貸：其他業務收入　　　　　　　　　　　　　　　　　　5,000
　　　　應交稅費——應交增值稅（銷項稅額）　　　　　　　　850
借：其他業務成本　　　　　　　　　　　　　　　　　　　　3,000
　　貸：原材料　　　　　　　　　　　　　　　　　　　　　3,000

【例8】某公司經營性出租設備一臺，於 201×年 5 月收到當月租金 3,000 元存入銀行，另外，於月底計提該設備的折舊額 800 元。

該筆經濟業務的發生，①確認收入時，一方面使企業實現租金收入 3,000 元，另一方面使企業的銀行存款增加 3,000 元。因此，該業務涉及「其他業務收入」和「銀行存款」兩個帳戶。②計提折舊時，一方面使企業設備折舊增加 800 元；另一方面使企業的其他業務成本增加 800 元，涉及「累計折舊」和「其他業務成本」兩個帳戶。其會計分錄如下：

借：銀行存款　　　　　　　　　　　　　　　　　3,000
　　貸：其他業務收入　　　　　　　　　　　　　　　　3,000
借：其他業務成本　　　　　　　　　　　　　　　　800
　　貸：累計折舊　　　　　　　　　　　　　　　　　　800

第 7 章 利潤形成及分配

學習目的：本章以企業經濟業務核算為例，進一步闡述了設置帳戶、借貸記帳法的實際應用問題。通過本章學習，學生要理解和掌握企業利潤形成及分配業務的具體核算內容，從而提高運用帳戶和借貸記帳法處理企業各種經濟業務的熟練程度。

利潤是企業在一定時期內的經營成果，利潤指標是一個綜合性很強的重要指標。企業擴大商品銷售量、提高服務質量、降低進貨成本和經營成本等方面所取得的業績，會通過利潤指標反應出來，從而成為企業經營績效的標準，是影響企業和其會計信息使用者進行相關投資和信貸決策的重要因素。會計信息使用者借助利潤指標，可以分析企業利潤增減變化情況及其變動趨勢，促使企業不斷改善經營管理，提高經濟效益。因此，必須加強利潤及其利潤分配的核算，如實反應企業利潤的形成情況和利潤的分配情況，為相關會計信息使用者提供決策有用的利潤信息。

7.1 利潤形成及分配概述

7.1.1 利潤形成

利潤是企業在一定期間的經營成果的綜合反應，在量上表現為各項收入抵減各項費用後的余額以及直接計入當期利潤的利得和損失，在質上表現為企業淨資產的增加或減少。

企業利潤的構成可以分為三個層次：營業利潤、利潤總額和淨利潤。

（1）營業利潤

營業利潤是企業利潤的主要來源。它是指企業在銷售商品、提供勞務等日常活動中所產生的利潤。其計算公式如下：

營業利潤 = 營業收入 - 營業成本 - 營業稅金及附加 - 期間費用
－資產減值損失 ± 公允價值變動損益 ± 投資收益（損失）

其中： 營業收入 = 主營業務收入 + 其他業務收入

營業成本 = 主營業務成本 + 其他業務成本

期間費用 = 銷售費用 + 管理費用 + 財務費用

主營業務收入、其他業務收入、主營業務成本、其他業務成本、營業稅金及附加、銷售費用、管理費用、財務費用在其他章節已經介紹過，本章不再贅述。下面簡單介

紹資產減值損失、公允價值變動損益和投資收益（損失）。

資產減值損失是指因資產的帳面價值高於其可回收金額，企業因此須計提資產減值準備而造成的損失，包括「壞帳準備」「存貨跌價準備」「長期股權投資減值準備」「持有至到期投資減值準備」「固定資產減值準備」等。

公允價值變動損益是指企業在初始確認時劃分為以公允價值計量且其變動計入當期損益的金融資產或金融負債（包括交易性金融資產或負債和直接指定為以公允價值計量且其變動計入當期損益的金融資產或金融負債），以及採用公允價值計量模式計量的投資性房地產、衍生工具、套期業務中公允價值變動形成的應計入當期損益的利得或損失。

投資收益（或損失）是指企業以各種方式對外投資所取得的收益（或發生的損失）。投資收益包括對外投資分得的利潤、股利和債券利息，投資到期收回或者中途轉讓取得款項大於帳面價值的差額，以及按照權益法記帳的股票投資、其他投資在被投資單位增加的淨資產中所擁有的數額等。投資損失包括對外投資到期收回或者中途轉讓取得款項少於帳面價值的差額，以及按照權益法記帳的股票投資、其他投資在被投資單位減少的淨資產中所分擔的數額等。

(2) 利潤總額

利潤總額是指營業利潤加上營業外收入，減去營業外支出後的餘額。其計算公式如下：

$$利潤總額 = 營業利潤 + 營業外收入 - 營業外支出$$

其中，營業外收入是指企業發生的與日常活動無直接關係的各項利得。營業外收入並不是由企業經營資金耗費所產生的，不需要企業付出代價，實際上是一種純收入，不可能也不需要與有關費用進行配比。因此，在會計處理上，應當嚴格區分營業外收入與營業收入的界限。營業外收入主要包括：非流動資產處置利得、非貨幣性資產交換利得、債務重組利得、政府補助、盤盈利得、捐贈利得等。

營業外支出是指企業發生的與日常活動無直接關係的各項損失。營業外支出主要包括：非流動資產處置損失、非貨幣性資產交換損失、債務重組損失、盤盈損失、公益性捐贈支出、非常損失等。

(3) 淨利潤

淨利潤是由利潤總額扣除所得稅費用後的餘額。其計算公式如下：

$$淨利潤 = 利潤總額 - 所得稅費用$$

為了簡化核算，本課程中假設所得稅費用等於利潤總額乘以所得稅稅率，所得稅稅率通常為25%。

7.1.2 利潤分配

利潤分配是將企業實現的淨利潤，按照國家財務制度規定的分配形式和分配順序，在國家、企業和投資者之間進行的分配。利潤分配的過程與結果，是關係到所有者的合法權益能否得到保護，企業能否長期、穩定發展的重要問題，因此，企業必須加強利潤分配的管理和核算。

7.1.2.1　利潤分配的項目

按照《中華人民共和國公司法》（下稱《公司法》）的規定，公司利潤分配的項目包括以下部分：

（1）法定公積金。法定公積金從淨利潤中提取形成，用於彌補公司虧損、擴大公司生產經營或者轉為增加公司資本。公司分配當年稅後利潤時應當按照10%的比例提取法定公積金；當法定公積金累計額達到公司註冊資本的50%時，可不再繼續提取。任意公積金的提取由股東會根據需要決定。

（2）股利（向投資者分配的利潤）。公司向股東（投資者）支付股利（分配利潤），要在提取公積金之後。股利（利潤）的分配應以各股東（投資者）持有股份（投資額）的數額為依據，每一股東（投資者）取得的股利（分得的利潤）與其持有的股份數（投資額）成正比。股份有限公司原則上應從累計盈利中分派股利，即所謂「無利不分」的原則。但若公司用公積金抵補虧損以後，為維護其股票信譽，經股東大會特別決議，也可用公積金支付股利。

7.1.2.2　利潤分配的順序

公司向股東（投資者）分派股利（分配利潤），應按一定的順序進行。按照中國《公司法》的有關規定，利潤分配應按下列順序進行：

（1）計算可供分配的利潤。將本年淨利潤（或虧損）與年初未分配利潤（或虧損）合併，計算出可供分配的利潤。如果可供分配的利潤為負數（或虧損），則不能進行後續分配；如果可供分配利潤為正數（即本年累計盈利），則進行後續分配。

（2）計提法定公積金。按抵減年初累計虧損後的本年淨利潤計提法定公積金。提取公積金的基數，不一定是可供分配的利潤，也不一定是本年的稅後利潤。只有不存在年初累計虧損時，才能按本年稅後利潤計算應提數，按照應提數的10%提取法定盈余公積金。法定盈余公積金已達註冊資本的50%時可不再提取。提取的法定盈余公積金用於彌補以前年度虧損或轉增資本金。但轉增資本金後留存的法定盈余公積金不得低於原註冊資本的25%。

（3）計提任意公積金。公司從稅後利潤中提取法定盈余公積金後，經股東會或者股東大會決議，還可以從稅後利潤中提取任意盈余公積金。

（4）向股東（投資人）支付股利（分配利潤）。有限責任公司和股份有限公司分別按照股東實繳的出資比例與股東持有的股份比例分取紅利。

此外，企業淨利潤經過上述步驟分配後，還會有一部分未分配利潤的形式留歸企業，用於提高企業承受風險的能力。

7.2　利潤形成及分配的核算

利潤形成及利潤分配的核算，主要涉及「主營業務收入」「主營業務成本」「其他業務收入」「其他業務成本」「營業稅金及附加」「管理費用」「銷售費用」「財務費

用」「資產減值損失」「投資收益」「公允價值變動損益」「營業外收入」「營業外支出」「所得稅費用」「本年利潤」「利潤分配」「盈余公積」「應付股利」等帳戶設置及其經濟業務的會計處理。

下面分利潤形成和利潤分配兩部分來介紹其帳戶設置和會計處理。

7.2.1 利潤形成的核算

利潤形成過程中主要涉及「主營業務收入」「主營業務成本」「其他業務收入」「其他業務成本」「營業稅金及附加」「管理費用」「銷售費用」「財務費用」「資產減值損失」「投資收益」「公允價值變動損益」「營業外收入」「營業外支出」「所得稅費用」「本年利潤」等帳戶，「主營業務收入」「主營業務成本」「其他業務收入」「其他業務成本」「營業稅金及附加」「管理費用」「銷售費用」「財務費用」等帳戶已在其他章節有介紹，下面主要介紹「資產減值損失」「投資收益」「公允價值變動損益」「營業外收入」「營業外支出」「所得稅費用」「本年利潤」等帳戶及其會計處理。

7.2.1.1 帳戶設置

（1）「投資收益」帳戶

「投資收益」帳戶屬於損益類帳戶，核算企業確認的投資收益或投資損失。該帳戶借方登記企業持有交易性金融資產、持有至到期投資、可供出售金融資產和長期股權投資期間發生的投資損失，以及期末轉入「本年利潤」帳戶貸方的投資收益；貸方登記企業持有交易性金融資產、持有至到期投資、可供出售金融資產和長期股權投資期間取得的投資收益；以及期末轉入「本年利潤」帳戶借方的投資損失。期末，應將本科目余額轉入「本年利潤」帳戶，本科目結轉后應無余額。本帳戶可按投資項目進行明細核算。其帳戶結構如表 7-1 所示。

表 7-1　　　　　　　　　　「投資收益」帳戶結構

借方	投資收益	貸方
本期發生額： ① 登記企業本期發生的各項投資損失數額 ② 轉入「本年利潤」帳戶的投資收益		本期發生額： ① 登記企業本期發生的各項投資收益數額 ② 轉入「本年利潤」帳戶的投資損失

（2）「營業外收入」帳戶

「營業外收入」帳戶屬於損益類帳戶，核算企業發生的各項營業外收入，主要包括非流動資產處置利得、非貨幣性資產交換利得、債務重組利得等。該帳戶貸方登記與經營無直接關係的各項利得金額，借方登記期末轉入到「本年利潤」帳戶的金額。期末，結轉后本帳戶無余額。本帳戶可以按照收入項目進行明細核算。其帳戶結構如表 7-2 所示。

表7-2　　　　　　　　　　　　「營業外收入」帳戶結構

借方	營業外收入	貸方
本期發生額： 期末轉入到「本年利潤」帳戶的金額		本期發生額： 企業本期實現的營業外收入金額

(3)「營業外支出」帳戶

「營業外支出」帳戶屬於損益類帳戶，核算企業發生的各項營業外支出，包括企業處置非流動資產的損失、非貨幣性資產交換損失、債務重組損失等。該帳戶借方登記企業所發生各項損失；貸方登記期末轉入「本年利潤」帳戶的金額。期末，結轉后本帳戶無餘額。本帳戶可以按照支出項目進行明細核算。其帳戶結構如表7-3所示。

表7-3　　　　　　　　　　　　「營業外支出」帳戶結構

借方	營業外支出	貸方
本期發生額： 企業本期發生的營業外支出金額		本期發生額： 期末轉入到「本年利潤」帳戶的金額

(4)「所得稅費用」帳戶

「所得稅費用」帳戶屬於損益類帳戶，核算企業確認的應從當期利潤總額中扣除的所得稅費用。其借方登記當期企業按規定應從當期損益中扣除的所得稅額；貸方登記期末轉入「本年利潤」帳戶的金額；期末結轉后本帳戶應無餘額。本科目一般不設置明細帳。

其帳戶結構如表7-4所示。

表7-4　　　　　　　　　　　　「所得稅費用」帳戶結構

借方	所得稅費用	貸方
本期發生額： 企業按規定應從當期利潤總額中扣除的所得稅		本期發生額： 企業期末轉入「本年利潤」帳戶的所得稅費用額

(5)「本年利潤」帳戶

「本年利潤」帳戶屬於所有者權益類帳戶，用來核算企業當期實現的淨利潤或發生的淨虧損。其貸方登記月末從「主營業務收入」「其他業務收入」「投資收益」「公允價值變動損益」「營業外收入」等帳戶貸方轉入的金額；借方登記月末從「主營業務成本」「其他業務成本」「營業稅金及附加」「管理費用」「銷售費用」「財務費用」「資產減值損失」「營業外支出」等帳戶借方轉入的金額。期終各帳戶結轉完之后，若「本年利潤」帳戶的餘額在貸方，表示企業實現的淨利潤，若為借方余額，則表示企業發生的淨虧損。

年度終了，應將「本年利潤」帳戶轉入「利潤分配——未分配利潤」帳戶。若企

業實現淨利潤，則借記本科目，貸記「利潤分配——未分配利潤」帳戶；若其實發生淨虧損，則借記「利潤分配——未分配利潤」，貸記本科目。結轉后本帳戶應無余額。其帳戶結構如表 7-5 所示。

表 7-5 「本年利潤」帳戶結構

借方	本年利潤	貸方
本期發生額： ①企業期末從有關損益類帳戶轉入的本期各項成本、費用： 　主營業務成本 　營業稅金及附加 　其他業務成本 　管理費用 　銷售費用 　財務費用 　資產減值損失 　投資損失 　營業外支出 　所得稅費用 ②年終轉入「利潤分配」帳戶的本年淨利潤		本期發生額： ①企業期末從有關損益類帳戶轉入的本期各項收入： 　主營業務收入 　其他業務收入 　投資收益 　公允價值變動損益 　營業外收入 ②年終轉入「利潤分配」帳戶的本年淨虧損

7.2.1.2　會計處理

甲公司 201×年 12 月份發生如下經濟業務：

【例 1】12 月 5 日向乙公司銷售 A 商品一批，開出的增值稅專用發票上註明的銷售價款為 200,000 元，增值稅稅率 17%，增值稅稅額為 34,000 元，銷售 B 商品一批，增值稅專用發票上註明的銷售價款為 400,000 元，增值稅稅額為 68,000 元，A 商品實際成本 150,000 元，B 商品實際成本 350,000 元。款項未收。

這筆經濟業務的發生，一方面使得甲公司的應收帳款增加了 702,000 元 (234,000 + 46,8000)，應記入「應收帳款」帳戶的借方；另一方面，使得甲公司的主營業務收入增加了 600,000 元，應記入「主營業務收入」帳戶的貸方，應交增值稅增加了 102,000 元 (3,4000 + 6,8000)，應記入「應交稅費——應交增值稅（銷項稅額）」帳戶的貸方。其會計分錄如下：

借：應收帳款——乙公司　　　　　　　　　　　　702,000
　　貸：主營業務收入——A 商品　　　　　　　　　　　200,000
　　　　　　　　　　——B 商品　　　　　　　　　　　400,000
　　　　應交稅費——應交增值稅（銷項稅額）　　　　102,000

同時，結轉出售的 A 商品和 B 商品的實際成本。

結轉成本，一方面使得甲公司的 A 庫存商品減少了 150,000 元，B 庫存商品減少了 250,000 元；另一方面使甲公司的主營業務成本增加了 400,000 元，涉及「庫存商

品」和「主營業務成本」兩個帳戶。其會計分錄如下：

借：主營業務成本——A 商品　　　　　　　　　　　　　　　　150,000
　　　　　　　　——B 商品　　　　　　　　　　　　　　　　250,000
　貸：庫存商品——A 商品　　　　　　　　　　　　　　　　　150,000
　　　　　　　——B 商品　　　　　　　　　　　　　　　　　250,000

【例2】12月10日，出售 D 材料 1,000 千克，單價 150 元/千克，增值稅率 17%，增值稅稅額為 25,500 元，款項已收到，存入銀行。D 材料單位成本 90 元/千克。

對於甲公司而言，銷售材料是企業的其他銷售業務，其取得的銷售收入應作為其他業務收入。這筆經濟業務的發生，一方面，使得甲公司的銀行存款增加了 175,500 元，應記入「銀行存款」帳戶的借方；另一方面，使得甲公司的其他業務收入增加了 150,000 元，應記入「其他業務收入」帳戶的貸方，增值稅銷項稅增加了 25,500 元，應記入「應交稅費——應交增值稅（銷項稅額）」帳戶的貸方。其會計分錄如下：

借：銀行存款　　　　　　　　　　　　　　　　　　　　　　175,500
　貸：其他業務收入——D 材料　　　　　　　　　　　　　　　150,000
　　　應交稅費——應交增值稅（銷項稅額）　　　　　　　　　　25,500

同時，結轉出售 D 材料的實際成本。

結轉成本，一方面使甲公司的 D 庫存材料減少了 90,000 元；另一方面使甲公司的其他業務成本增加了 90,000 元，涉及「原材料」和「其他業務成本」兩個帳戶。其會計分錄如下：

借：其他業務成本——D 材料　　　　　　　　　　　　　　　　90,000
　貸：原材料——D 材料　　　　　　　　　　　　　　　　　　　90,000

【例3】12月12日，以現金支付購買的廠部管理部門辦公用品 2,250 元。

這筆經濟業務的發生，一方面使得甲公司的管理費用增加了 2,250 元，應記入「管理費用」帳戶的借方；另一方面，使得甲公司現金減少了 2,250 元，應記入「現金」帳戶的貸方。其會計分錄如下：

借：管理費用　　　　　　　　　　　　　　　　　　　　　　　2,250
　貸：庫存現金　　　　　　　　　　　　　　　　　　　　　　　2,250

【例4】12月14日，以銀行存款支付廣告費 12,000 元。

這筆經濟業務的發生，一方面，使得甲公司的銷售費用增加了 12,000 元，應記入「銷售費用」帳戶的借方；另一方面，使得甲公司銀行存款減少了 12,000 元，應記入「銀行存款」帳戶的貸方。其會計分錄如下：

借：銷售費用　　　　　　　　　　　　　　　　　　　　　　　12,000
　貸：銀行存款　　　　　　　　　　　　　　　　　　　　　　　12,000

【例5】12月20日，甲公司收到從華誼公司分得的投資利潤 28,000 元，存入銀行。

這筆經濟業務的發生，一方面，使得甲公司的銀行存款增加了 28,000 元，應記入「銀行存款」帳戶的借方；另一方面，使得甲公司的投資收益增加了 28,000 元，應記入「投資收益」帳戶的貸方。其會計分錄如下：

借：銀行存款　　　　　　　　　　　　　　　　　　　　　　28,000
　　貸：投資收益——華誼公司　　　　　　　　　　　　　　　　28,000

【例6】12月20日，甲公司收到購貨單位的違約罰款收入30,000元。

罰款收入屬於企業的營業外收入。該筆經濟業務的發生，一方面，使得甲公司的營業外收入增加了30,000元，應記入「營業外收入」帳戶的貸方；另一方面，使得甲公司的銀行存款增加30,000元，應記入「銀行存款」帳戶的借方。其會計處理分錄如下：

借：銀行存款　　　　　　　　　　　　　　　　　　　　　　30,000
　　貸：營業外收入　　　　　　　　　　　　　　　　　　　　30,000

【例7】12月23日，甲公司以銀行存款支付行政罰款25,000元。

企業發生的行政罰款屬於營業外支出。該筆經濟業務的發生，一方面，使得甲公司的營業外支出增加了25,000元，應記入「營業外支出」帳戶的借方；另一方面，使得甲公司的銀行存款減少了25,000元，應記入「銀行存款」帳戶的貸方。其會計處理分錄如下：

借：營業外支出　　　　　　　　　　　　　　　　　　　　　25,000
　　貸：銀行存款　　　　　　　　　　　　　　　　　　　　　25,000

【例8】12月25日，甲公司以銀行存款向希望工程捐款20,000元。

該筆經濟業務的發生，一方面，使得甲公司的營業外支出增加了20,000元，應記入「營業外支出」帳戶的借方；另一方面，使得甲公司的銀行存款減少了20,000元，應記入「銀行存款」帳戶的貸方。其會計處理分錄如下：

借：營業外支出　　　　　　　　　　　　　　　　　　　　　20,000
　　貸：銀行存款　　　　　　　　　　　　　　　　　　　　　20,000

【例9】12月25日，以銀行存款支付當月借款利息8,000元。

這筆經濟業務的發生，一方面，使得甲公司的財務費用增加了8,000元，應記入「財務費用」帳戶的借方；另一方面，使得甲公司銀行存款減少了8,000元，應記入「銀行存款」帳戶的貸方。其會計分錄如下：

借：財務費用　　　　　　　　　　　　　　　　　　　　　　8,000
　　貸：銀行存款　　　　　　　　　　　　　　　　　　　　　8,000

【例10】12月31日，經計算已銷售A、B商品以及D材料應繳納的城市維護建設稅及教育費附加為12,750元。

已知，甲公司本期應交增值稅額為127,500元（102,000+25,500），假設城市維護建設稅稅率為7%，教育費附加費率為3%，則：

$$城市維護建設稅 = 127,500 \times 7\% = 8,925（元）$$

$$教育費附加 = 127,500 \times 3\% = 3,825（元）$$

這筆經濟業務的發生，一方面，使得甲公司的營業稅金及附加增加了12,750元，應記入「營業稅金及附加」帳戶的借方；另一方面，因稅金尚未繳納，使得甲公司的應交稅費增加了12,750元，應記入「應交稅費」帳戶的貸方。其會計分錄如下：

借：營業稅金及附加 12,750
　　貸：應交稅費——應交城市維護建設稅 8,925
　　　　　　　　——教育費附加 3,825

【例11】計算甲公司本月的所得稅費用。

將上述發生的經濟業務相關的帳戶信息整理如表7－6所示。

表7－6　　　　　　　　　　　　相關帳戶信息

帳戶名稱	借方余額	貸方余額
主營業務收入		600,000
其他業務收入		150,000
投資收益		28,000
營業外收入		30,000
主營業務成本	400,000	
其他業務成本	90,000	
營業稅金及附加	12,750	
銷售費用	12,000	
財務費用	8,000	
管理費用	2,250	
營業外支出	45,000	

甲公司的企業所得稅稅率為25%。

由此，我們可以通過計算得出，甲公司的利潤總額＝主營業務收入＋其他業務收入－主營業務成本－其他業務成本－營業稅金及附加－銷售費用－財務費用－管理費用－資產減值損失＋投資收益＋公允價值變動損益＋營業外收入－營業外支出＝600,000＋150,000－400,000－90,000－12,750－12,000－8,000－2,250＋28,000＋30,000－45,000＝238,000（元）。

因此，當期所得稅＝利潤總額×所得稅稅率（25%）＝238,000×25%＝59,500（元）。

這筆經濟業務的發生，一方面，使得甲公司的所得稅費用增加了59,500元，應記入「所得稅費用」帳戶的借方；另一方面，因稅金尚未繳納，使得甲公司的應交稅費增加了59,500元，應記入「應交稅費」帳戶的貸方。其會計分錄如下：

借：所得稅費用 59,500
　　貸：應交稅費——應交所得稅 59,500

【例12】12月31日，將本月實現的各項收入、費用類帳戶余額轉到「本年利潤」帳戶。

將本月實現的主營業務收入600,000元、其他業務收入150,000元、投資收益

28,000元和營業外收入30,000元轉入到「本年利潤」帳戶的貸方。

這筆經濟業務的發生：一方面，使得甲公司的主營業務收入、其他業務收入、投資收益和營業外收入減少了，應記入「主營業務收入」「其他業務收入」「投資收益」和「營業外收入」帳戶的借方；另一方面，也使得甲公司的「本年利潤」增加了，應記入「本年利潤」的貸方。其會計分錄如下：

  借：主營業務收入   600,000
    其他業務收入   150,000
    投資收益   28,000
    營業外收入   30,000
    貸：本年利潤   808,000

將本月實現的主營業務成本400,000元、其他業務成本90,000元、營業稅金及附加12,750元、銷售費用12,000元、財務費用8,000元、管理費用2,250元、營業外支出45,000元轉入到「本年利潤」帳戶的借方。

這筆經濟業務的發生，一方面，使得甲公司的主營業務成本、其他業務成本、營業稅金及附加、銷售費用、財務費用、管理費用、營業外支出減少了，應記入「主營業務成本」「其他業務成本」「營業稅金及附加」「銷售費用」「財務費用」「管理費用」和「營業外支出」帳戶的貸方；另一方面，也使得甲公司的「本年利潤」減少了，應記入「本年利潤」的借方。其會計分錄如下：

  借：本年利潤   570,000
    貸：主營業務成本   400,000
      其他業務成本   90,000
      營業稅金及附加   5,000
      銷售費用   12,000
      財務費用   8,000
      管理費用   10,000
      營業外支出   45,000

結轉所得稅費用到「本年利潤」帳戶。

這筆經濟業務的發生，一方面，使得甲公司的所得稅費用減少了59,500元，應記入「所得稅費用」帳戶的貸方；另一方面，使得甲公司的本年利潤減少了59,500元，應記入「本年利潤」帳戶的借方。其會計分錄如下：

  借：本年利潤   59,500
    貸：所得稅費用   59,500

7.2.2 利潤分配的核算

利潤分配過程中主要涉及「利潤分配」「盈余公積」「應付股利」等帳戶設置及其經濟業務的會計處理。

7.2.2.1 帳戶設置

(1)「利潤分配」帳戶

「利潤分配」帳戶屬於所有者權益類帳戶，核算企業利潤的分配及虧損的彌補和歷年分配或彌補后的余額。該帳戶借方登記本期從「本年利潤」帳戶轉入的虧損數和企業按照規定提取的盈余公積、分配給股東或投資者的現金股利或利潤以及分配給股東股票股利；貸方登記用盈余公積彌補虧損的金額和從「本年利潤」帳戶轉入的淨利潤額。

年度終了，企業將本年實現的淨利潤，從「本年利潤」帳戶結轉到「利潤分配——未分配利潤」帳戶，結轉后，該帳戶的余額一般在貸方，表示企業未分配利潤；若余額在借方，則表示企業未彌補的虧損。該帳戶應當分別「未分配利潤」「提取法定盈余公積」「提取任意盈余公積」「應付股利或利潤」等明細進行核算。其帳戶基本結構如表 7-7 所示。

表 7-7　「利潤分配」帳戶基本結構

借方	利潤分配	貸方
期初余額：期初累計未彌補虧損數 本期發生額： ① 年終從「本年利潤」帳戶轉入的當年發生的淨虧損 ② 企業按照規定提取盈余公積、分配的股利等		期初余額：期初累計未分配利潤數 本期發生額： ① 企業年終從「本年利潤」帳戶轉入的當年發生的淨利潤 ② 盈余公積轉入以彌補虧損的金額
期末余額：表示企業尚未彌補的虧損		期末余額：表示企業尚未分配的利潤

(2)「盈余公積」帳戶

「盈余公積」帳戶屬於損益類帳戶，用來核算企業從淨利潤中提取的盈余公積，該帳戶貸方登記企業按照規定提取的盈余公積的增加數，借方登記用盈余公積彌補虧損或轉增資本的減少數。期末余額在貸方，反應企業的盈余公積結余數額。本帳戶應當分別「法定盈余公積」「任意盈余公積」進行明細核算。其帳戶基本結構，如表 7-8 所示。

表 7-8　「盈余公積」帳戶基本結構

借方	盈余公積	貸方
本期發生額： 企業以盈余公積轉增資本、彌補虧損的金額		期初余額：期初盈余公積的結存數 本期發生額： 企業從淨利潤中提取的盈余公積金額
		期末余額：表示企業盈余公積的結余額

(3)「應付股利」帳戶

「應付股利」帳戶屬於負債類帳戶，用來核算企業根據股東大會或類似機構審議批准的利潤分配方案確定支付的現金股利或利潤。貸方登記應支付的現金股利或利潤金額；借方登記實際支付現金股利或利潤。期末余額在貸方，反應企業應付未付的現金股利或利潤。本帳戶可以按照投資者進行明細核算。其帳戶基本結構，如表 7-9 所示。

表 7-9　　　　　　　　　　「應付股利」帳戶基本結構

借方	應付股利	貸方
本期發生額：登記企業已支付的股利	期初余額：期初應付未付的股利或利潤 本期發生額： 登記企業應支付給投資者的現金股利或利潤	
	期末余額： 表示企業尚未支付的現金股利或利潤	

7.2.2.2　會計處理

【例13】假設甲公司 1—11 月份實現稅后淨利潤 2,000,000 元，12 月份實現淨利潤 183,750（245,000 - 61,250）元，因此，甲公司本年實現淨利潤 2,183,750 元。年度終了，將淨利潤從「本年利潤」帳戶的貸方結轉到「利潤分配——未分配利潤」帳戶的貸方。

借：本年利潤　　　　　　　　　　　　　　　　　　2,183,750
　　貸：利潤分配——未分配利潤　　　　　　　　　　　2,183,750

【例14】甲公司經股東大會決議，決定按照淨利潤的 10% 提取法定盈余公積金，按照淨利潤的 5% 提取法定公益金。

甲公司本年實現淨利潤 2,183,750 元。

應提取的法定盈余公積金 = 2,183,750 × 10% = 218,375（元）

應提取的法定公益金 = 2,183,750 × 5% = 109,187.5（元）

該筆經濟業務的發生，一方面使得甲公司的可分配利潤減少了 327,562.5 元（218,375 + 109,187.5），應記入「利潤分配——提取法定盈余公積金」「利潤分配——提取法定公益金」帳戶的借方；另一方面，使得甲公司的盈余公積金增加了 327,562.5 元，應記入「盈余公積」帳戶的貸方。其會計分錄如下：

借：利潤分配——提取法定盈余公積金　　　　　　218,375
　　　　　　——提取法定公益金　　　　　　　　109,187.5
　　貸：盈余公積　　　　　　　　　　　　　　　327,562.5

【例15】經股東大會決議，甲公司按照利潤分配方案向投資者分派現金股利 500,000 元。

該筆經濟業務的發生，一方面，甲公司向投資者分配現金股利 500,000 元，應記入「利潤分配——應付股利」帳戶的借方；另一方面，向投資者分配的股利在沒有實

際支付之前，形成了公司的一項負債，應記入「應付股利」帳戶的貸方。其會計分錄如下：

  借：利潤分配——應付股利   500,000
   貸：應付股利   500,000

【例16】將「利潤分配」的有關明細帳戶「法定盈余公積金」「法定公益金」「應付股利」結轉到「利潤分配——未分配利潤」帳戶。

  借：利潤分配——未分配利潤   827,562.5
   貸：利潤分配——提取法定盈余公積金   218,375
      ——提取法定公益金   109,187.5
      ——應付股利   500,000

利潤形成及分配業務的核算程序如圖7-1所示。

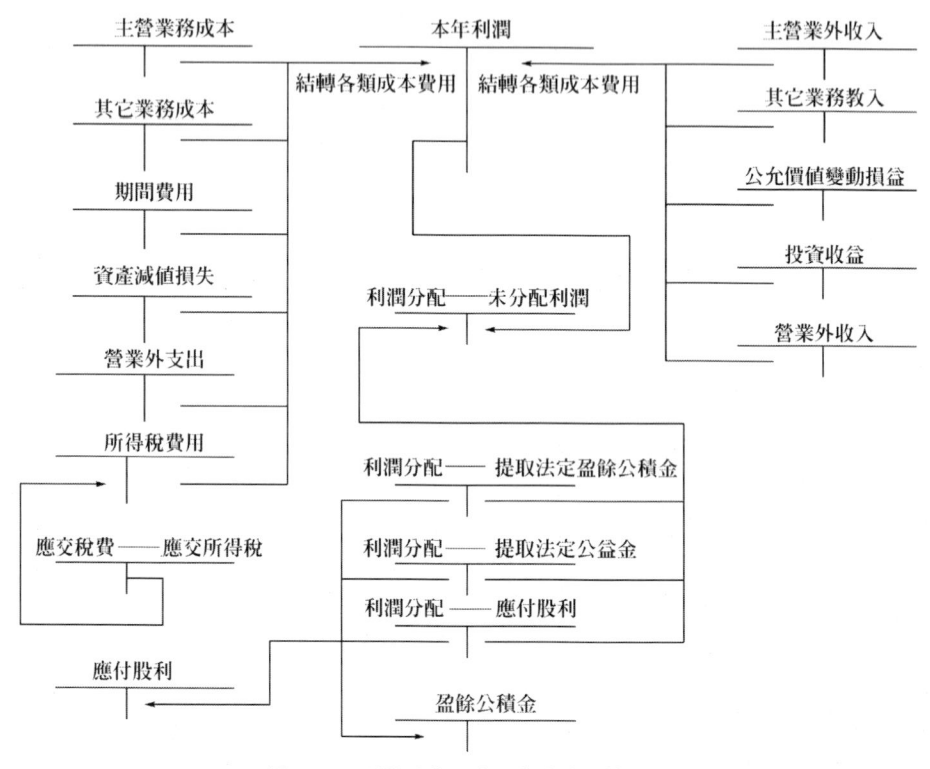

圖7-1 利潤形成及分配業務的核算程序

第8章　資金退出企業及其他

學習目的：本章以企業經濟業務核算為例，進一步闡述了設置帳戶、借貸記帳法的實際應用問題。通過本章學習，學生要理解和掌握企業資金退出過程和固定資產、在建工程、無形資產等經濟業務的具體核算內容，從而提高運用帳戶和借貸記帳法處理企業各種經濟業務的熟練程度。

資金退出企業是資金運動的終點。企業向銀行借入的款項，在借款期滿時要予以歸還；企業銷貨收取的增值稅銷項稅減去購貨支付的進項稅額的差額要繳納國庫；企業採購材料物資等暫欠的款項，也要予以歸還；企業提取的職工福利費要用於職工的福利，從而形成了資金的退出。同時，企業的資金經過供應過程、生產過程和銷售過程的經營活動，獲得了增值。增值中的一部分以稅金的形式上交國庫，作為國家的財政收入；一部分以應付股利的形式分配給投資者，這也形成了資金退出企業。本章主要介紹資金退出企業的經濟業務核算，以及前面章節沒有介紹過的涉及其他資產的經濟業務核算。

8.1　資金退出企業的核算

資金退出企業的核算業務，具體來說，主要有借款償還、上交稅費、應付帳款、福利費支出和應付利潤幾種，下面分別介紹。

8.1.1　借款償還

企業借入的短期和長期借款，應當按期償還。關於借款償還的經濟業務應設置的主要帳戶為「短期借款」和「長期借款」帳戶，這兩個帳戶前已介紹。下面舉例說明。

【例1】華景公司於201×年3月1日歸還前向銀行借入的短期借款100,000元（利息前已歸還）。

［分析］這筆經濟業務發生後，一方面，企業對銀行的負債減少了100,000元，應借記「短期借款」科目；另一方面，企業的銀行存款也減少了100,000元，應貸記「銀行存款」科目。其會計分錄如下：

借：短期借款　　　　　　　　　　　　　　　　100,000
　　貸：銀行存款　　　　　　　　　　　　　　　　100,000

【例2】華景公司於201×年1月1日歸還前向銀行借入的長期借款1,000,000元。該借款期限3年，年利率為5%，當年利息當年還清。

［分析］這筆經濟業務發生后，一方面，企業對銀行的負債減少了 100 萬元，應借記「長期借款」科目；另一方面，企業的銀行存款也減少了 100 萬元，應貸記「銀行存款」科目。其會計分錄如下：

借：長期借款　　　　　　　　　　　　　　　　　　　1,000,000
　　貸：銀行存款　　　　　　　　　　　　　　　　　　　　1,000,000

8.1.2　上交稅費

企業應按稅法規定向國家繳納各種稅金，包括增值稅、消費稅、城市維護建設稅、所得稅、房產稅、車船使用稅、土地使用稅、資源稅等。這部分經濟業務的核算應設置的主要帳戶有「應交稅費」「營業稅金及附加」「所得稅費用」。

【例3】4 月 30 日，按稅法規定，華景公司根據本月營業收入計算的應交消費稅為 7,000 元。

［分析］對於這筆會計事項，一方面應反應企業的營業稅金及附加增加了 7,000 元，借記「營業稅金及附加」科目；另一方面，企業對稅務機關的負債也增加了 7,000 元，應貸記「應交稅費——應交消費稅」科目。其會計分錄如下：

借：營業稅金及附加　　　　　　　　　　　　　　　　　　7,000
　　貸：應交稅費——應交消費稅　　　　　　　　　　　　　　7,000

【例4】4 月 30 日，華景公司以銀行存款交納上月增值稅 19,361.30 元。

［分析］這筆經濟業務發生后，一方面企業向稅務機關繳納稅款，表示企業對稅務機關的債務減少，應借記「應交稅費」科目。另一方面，企業的銀行存款也減少了，應貸記「銀行存款」科目。其會計分錄如下：

借：應交稅費——未交增值稅　　　　　　　　　　　　　19,361.30
　　貸：銀行存款　　　　　　　　　　　　　　　　　　　　19,361.30

【例5】計算並結轉華景公司本年所得稅。假定華景公司適用的所得率為 25%，總利潤為 1,000,000 元。

（1）華景公司本年應交所得稅 = 1,000,000 × 25% = 250,000（元）

［分析］這筆經濟業務發生后，一方面，企業的所得稅費用增加了，應借記「所得稅費用」科目；另一方面企業向稅務機關應交納稅款，表示企業對稅務機關的債務也增加了，應貸記「應交稅費——應交所得稅」科目。其會計分錄如下：

借：所得稅費用　　　　　　　　　　　　　　　　　　　　250,000
　　貸：應交稅費——應交所得稅　　　　　　　　　　　　　　250,000

（2）實際交納時

［分析］一方面，企業對稅務機關的債務減少了，應借記「應交稅費——應交所得稅」；另一方面，企業的銀行存款也減少了，應貸記「銀行存款」科目。其會計分錄如下：

借：應交稅費——應交所得稅　　　　　　　　　　　　　　250,000
　　貸：銀行存款　　　　　　　　　　　　　　　　　　　　250,000

8.1.3 應付帳款

關於帳款償還的經濟業務應設置的主要帳戶為「應付帳款」和「應付票據」帳戶。這兩個帳戶前已介紹。下面舉例說明。

【例6】華景公司上月從 B 企業購入乙材料一批，貨款 30,000 元，增值稅 5,100 元，對方代墊運費 1,000 元。材料已驗收入庫，銀行轉來的結算憑證已收到。本月按購銷合同規定，公司開出轉帳支票向 B 企業支付材料款 36,100 元。

[分析] 這筆經濟業務發生後，一方面企業的負債減少了 36,100 元，應借記「應付帳款」科目；另一方面，企業的銀行存款也減少了 36,100 元，應貸記「銀行存款」科目。其會計分錄如下：

借：應付帳款——B 公司　　　　　　　　　　　　　　　　　36,100
　　貸：銀行存款　　　　　　　　　　　　　　　　　　　　　　36,100

【例7】華景公司 10 月 1 日從鳳凰公司購進 D 材料 5,000 公斤，單價為 1 元/公斤，貨款（不含增值稅）5,000 元，增值稅進項稅額為 850 元，鳳凰公司為華景公司代墊運雜費 150 元，共計 6,000 元。企業當即簽發期限兩個月，不帶息商業承兌匯票一張，面額為 6,000 元。12 月 1 日，公司如數兌付。

[分析] 這筆經濟業務發生後，華景公司的負債減少了 6,000 元，應借記「應付票據」；另一方面，企業的銀行存款也減少了 6,000 元，應貸記「銀行存款」科目。其會計分錄如下：

借：應付票據　　　　　　　　　　　　　　　　　　　　　　6,000
　　貸：銀行存款　　　　　　　　　　　　　　　　　　　　　　6,000

8.1.4 福利費支出

職工福利費，主要是指內設醫務室、職工浴室、理髮室、托兒所等集體福利機構的企業，發放的福利機構人員的工資、醫務經費、職工因公負傷赴外地就醫路費、職工生活困難補助、醫藥費，以及按照國家規定開支的其他職工福利支出。

這部分經濟業務的核算主要應設置的帳戶為「應付職工薪酬——職工福利」。

「應付職工薪酬——職工福利」帳戶是負債類帳戶，用於核算企業按規定提取的職工福利費及其使用狀況。其貸方反應企業按照職工工資總額的一定比例提取的福利費；借方登記福利費的實際開支和使用情況；余額在貸方，表示期末已提取但尚未使用的福利費。

其帳戶的結構如表 8-1 所示。

表 8-1　　　　　「應付職工薪酬——職工福利」帳戶的結構

借方	應付職工薪酬——職工福利	貸方
本期發生額：登記企業實際支付的應付福利費用	本期發生額：登記企業按規定提取的應付福利費	
	期末余額：企業應付福利費用的結余額	

除企業有特殊管理需要外，本科目可以不設置明細帳。

現舉例如下：

【例8】 華景公司以現金購入醫藥用品2,000元，支付職工困難補助1,200元。

［分析］這筆經濟業務表明，一方面，華景公司的庫存現金減少了3,200元，應貸記「庫存現金」；另一方面，公司的福利費使用了3,200元，應借記「應付職工薪酬——職工福利」科目。其會計分錄如下：

借：應付職工薪酬——職工福利　　　　　　　　　　　　　　3,200
　　貸：庫存現金　　　　　　　　　　　　　　　　　　　　　　　3,200

8.1.5　應付利潤

企業在一個經營過程結束后，應向投資人（股東）分配利潤（股利）。這部分內容在前一章利潤分配中已介紹過，此處略。

8.2　其他業務核算

企業除了上述已介紹過的資金進入企業、採購與付款、生產與入庫、銷售與收款、利潤形成與分配、資金退出企業等的核算外，還有一些涉及其他資產的經濟業務，如固定資產、在建工程、無形資產、對外投資、其他資產等經濟業務。下面分別介紹。

8.2.1　固定資產

固定資產是企業生產經營的勞動工具，是企業進行生產經營的必備條件之一。固定資產是指同時具有以下特徵的有形資產：①為生產商品、提供勞務、經營管理而持有的；②使用壽命超過一個會計年度。這裡的「使用壽命」是指企業使用固定資產的預計期間，或者該固定資產所能生產產品或提供勞務的數量。涉及固定資產的經濟業務主要有固定資產的取得、折舊和處置。

對於固定資產的核算應設置的主要帳戶有「固定資產」「累計折舊」和「固定資產清理」。

「固定資產」帳戶是資產類科目，用來核算企業所有固定資產的原價增減變動及其結存情況。

其帳戶的結構如表8-2所示。

表8-2　　　　　　　　　　　「固定資產」帳戶的結構

借方	固定資產	貸方
本期發生額：登記企業增加固定資產的原始價值		本期發生額：登記企業減少固定資產的原始價值
期末余額：企業現有固定資產的原始價值		

此外，企業還應設置「固定資產登記簿」和「固定資產卡片」，按固定資產的類

別、使用部門對每項固定資產進行明細核算。

為了分別反應企業現有固定資產的原價、已提折舊額及其折余價值的增減變動情況，企業還應設置「累計折舊」科目。

「累計折舊」帳戶。固定資產是企業的主要勞動資料，它在使用期內，始終保持其原有的實物形態不變（如果使用、維護得當，其生產效率也不會下降），而它的價值將逐漸損耗。根據固定資產的這一特點，不僅要設置「固定資產」帳戶，反應固定資產的原始價值，同時還要設置「累計折舊」帳戶，來反應固定資產價值的耗損。

「累計折舊」帳戶是資產類的備抵帳戶。該帳戶貸方登記固定資產因使用損耗而轉移到產品中去的價值（折舊增加額）；借方登記報廢或變賣固定資產累計已計提的折舊額，余額在貸方，表示期末累計已計提的折舊額。在資產負債表上，該帳戶作為固定資產的抵減帳戶。

其帳戶的結構如表 8-3 所示。

表 8-3　　　　　　　　　　「累計折舊」帳戶的結構

借方	累計折舊	貸方
本期發生額：登記企業註銷固定資產原值相應轉銷的累計已提折舊額	本期發生額：登記企業各期提取的固定資產折舊額	
	期末余額：表示企業現有固定資產累計已提折舊額	

通常，本科目不設置明細帳。需要查明某項固定資產的已提折舊額，可以根據固定資產卡片所記載的該項固定資產原價、折舊率和實際使用年數等資料進行計算。

「固定資產清理」帳戶是資產類帳戶。本科目核算企業因出售、報廢、毀損、對外投資、非貨幣性資產交換、債務重組等原因轉出的固定資產價值以及在清理過程中發生的費用等。借方登記企業因出售、報廢和毀損等原因轉入清理的固定資產帳面淨額、處理過程中發生的清理費用和應繳納的稅金等；貸方登記出售固定資產所獲收入或殘料變價收入及有關保險賠償金等；固定資產清理後，應及時確認清理淨收益或淨損失，屬於籌建期間的，調整開辦費；屬於生產經營期間的，計入當期營業外收入或支出項目。清理完畢該帳戶無余額，可按被清理的固定資產項目進行明細核算。

其帳戶的結構如表 8-4 所示。

表 8-4　　　　　　　　　　「固定資產清理」帳戶的結構

借方	固定資產清理	貸方
本期發生額： ①登記企業處置固定資產轉入清理的固定資產帳面淨額 ②清理費用及交納的稅金等	本期發生額： ①登記企業出售固定資產所獲收入 ②殘料變價收入 ③有關保險賠償金等	
期末余額：尚未處理完畢的固定資產清理淨損失	期末余額：尚未處理完畢的固定資產清理淨收益	

固定資產暫估入帳是指企業建造的固定資產已達到預定可使用狀態，但尚未辦理竣工決算的，應當自達到預定可使用狀態之日起，根據工程預算、造價或者工程實際成本等，按暫估價值轉入固定資產，並按有關計提固定資產折舊的規定，計提固定資產折舊。待辦理竣工決算手續後再調整原來的暫估價值，但不需要調整原已計提的折舊額。

下面舉例說明關於固定資產的經濟業務。

【例9】201×年1月20日，華景公司開出轉帳支票從供應商外購不需要安裝的新設備一臺，不含增值稅的價款為50,000元，增值稅進項稅額為8,500元，包裝費等運雜費1,000元。所有款項已支付，設備也已交付使用。

[分析] 這筆經濟業務發生後，一方面企業的固定資產增加了51,000元，應借記「固定資產」科目，同時，增值稅的進項稅額也增加了8,500元，應記入「應交稅費——應交增值稅（進項稅額）」的借方；另一方面，企業銀行存款減少了59,500元，應貸記「銀行存款」科目。其會計分錄如下：

借：固定資產　　　　　　　　　　　　　　　　　　　　　51,000
　　應交稅費——應交增值稅（進項稅額）　　　　　　　　　8,500
　貸：銀行存款　　　　　　　　　　　　　　　　　　　　　59,500

【例10】華景公司按規定的固定資產折舊率計算本月應計提固定資產的折舊額10,000元，其中行政管理部門應提取折舊2,000元，基本生產車間應提取折舊8,000元。

[分析] 這是固定資產折舊費用的計算和分配事項。通過折舊費用的分配，一方面企業本月管理費用和製造費用應負擔的折舊費用增加了10,000元，其中，根據行政管理部門的固定資產計提的折舊額應記入「管理費用」科目的借方2,000元，根據基本生產車間和分廠的固定資產計提的折舊額應記入「製造費用」科目的借方8,000元；另一方面，企業固定資產的折舊額增加了10,000元，應貸記「累計折舊」科目。其會計分錄如下：

借：管理費用　　　　　　　　　　　　　　　　　　　　　　2,000
　　製造費用　　　　　　　　　　　　　　　　　　　　　　8,000
　貸：累計折舊　　　　　　　　　　　　　　　　　　　　　10,000

【例11】華景公司將一幢建築物出售，原始價值為400,000元，已提折舊220,000元，議定售價為250,000元，建築物出售時發生清理費用8,000元。上述款項均通過銀行存款收付。

（1）註銷固定資產帳面價值

[分析] 處置固定資產時，先將固定資產的原值、已提的累計折舊轉入「固定資產清理」帳戶，所以「固定資產清理」帳戶增加，記入借方；另一方面，註銷固定資產的原值記入「固定資產」帳戶的貸方，註銷已計提的累計折舊記入「累計折舊」帳戶的借方。其會計分錄如下：

借：固定資產清理　　　　　　　　　　　　　　　　　　　180,000
　　累計折舊　　　　　　　　　　　　　　　　　　　　　220,000

貸：固定資產　　　　　　　　　　　　　　　　　　　　400,000
　（2）支付固定資產清理費用
　[分析] 支付清理費用時，企業一方面銀行存款減少，應記入「銀行存款」帳戶的貸方；另一方面，清理費用應轉入「固定資產清理」帳戶的借方。其會計分錄如下：
　　借：固定資產清理　　　　　　　　　　　　　　　　　　8,000
　　　貸：銀行存款　　　　　　　　　　　　　　　　　　　　8,000
　（3）收回出售固定資產價款
　[分析] 收入價款時，企業一方面銀行存款增加，應記入「銀行存款」帳戶的借方；另一方面，應將收入轉入「固定資產清理」帳戶的貸方。其會計分錄如下：
　　借：銀行存款　　　　　　　　　　　　　　　　　　　　250,000
　　　貸：固定資產清理　　　　　　　　　　　　　　　　　　250,000
　（4）處理淨收益時
　[分析] 最後，一項固定資產處置完畢時，應將其在「固定資產清理」帳戶中的餘額轉出。如果餘額在借方，則轉入「營業外支出」帳戶，若餘額在貸方，則轉入「營業外收入」帳戶。所以本例中，「固定資產清理」帳戶的餘額在貸方，應將其轉入「營業外收入」帳戶，記在貸方。同時將「固定資產清理」帳戶的餘額全部通過借方轉出，轉出後「固定資產清理」帳戶無餘額。其會計分錄如下：
　　借：固定資產清理　　　　　　　　　　　　　　　　　　49,500
　　　貸：營業外收入——非流動資產處置損益　　　　　　　　49,500

【例12】某企業將一臺使用期滿的設備予以報廢，原始價值為60,000元，預計殘值收入為4,000元，預計清理費用為1,500元，已提折舊57,500元。實際發生清理費用為900元，實際收到殘料入庫備用，作價4,600元。
　（1）固定資產報廢清理時。
　[分析] 固定資產報廢時的會計處理同前例，其會計分錄如下：
　　借：固定資產清理　　　　　　　　　　　　　　　　　　2,500
　　　累計折舊　　　　　　　　　　　　　　　　　　　　　57,500
　　　貸：固定資產　　　　　　　　　　　　　　　　　　　60,000
　（2）支付清理費用時
　　借：固定資產清理　　　　　　　　　　　　　　　　　　900
　　　貸：銀行存款　　　　　　　　　　　　　　　　　　　　900
　（3）收回殘料入庫時
　　借：原材料　　　　　　　　　　　　　　　　　　　　　4,600
　　　貸：固定資產清理　　　　　　　　　　　　　　　　　　4,600
　（4）固定資產清理完畢，結轉淨收益時
　　借：固定資產清理　　　　　　　　　　　　　　　　　　1,200
　　　貸：營業外收入——非流動資產處置損益　　　　　　　　1,200

8.2.2 在建工程

企業取得固定資產除了外購等方式，有時也會自行建造，這就是在建工程。當企業自行建造固定資產時，就需要通過「在建工程」帳戶來核算。

「在建工程」帳戶是資產類科目，用來核算企業進行的各項工程，包括固定資產安裝工程、新建工程、改擴建工程、大修理工程等所發生的實際支出。企業購入不需要安裝的固定資產，不通過「在建工程」科目核算，而是直接通過「固定資產」科目核算。

在建工程帳戶的結構如表 8-5 所示。

表 8-5　　　　　　　　　　　　「在建工程」帳戶結構

借方	在建工程	貸方
本期發生額：登記企業某項工程所發生的實際成本		本期發生額：登記企業工程完工並交付使用的固定資產的實際成本
期末余額：表示企業尚未完工工程的實際成本		

本科目應按工程項目和外購工程物資設置明細帳。

以下舉例說明關於在建工程的經濟業務。

【例13】201×年 4 月 5 日，華景公司外購一臺需要安裝的設備，開出轉帳支票支付設備的買價 50,000 元，增值稅額 8,500 元和運輸費 1,000 元。4 月 15 日，用支票向設備供應商支付安裝費 2,500 元。4 月 20 日，設備安裝完畢並交付使用。

(1) 4 月 5 日支付設備價款、增值稅和運輸費時

［分析］4 月 5 日支付設備價款、增值稅、運輸費時，一方面企業固定資產的在建工程成本增加了 51,000 元，應借記「在建工程」科目，同時，增值稅的進項稅額也增加了 8,500 元，應記入「應交稅費——應交增值稅（進項稅額）」的借方；另一方面，企業銀行存款也減少了 59,500 元，應貸記「銀行存款」科目。其會計分錄如下：

借：在建工程　　　　　　　　　　　　　　　　　　　　　51,000
　　應交稅費——應交增值稅（進項稅額）　　　　　　　　　8,500
　　貸：銀行存款　　　　　　　　　　　　　　　　　　　　59,500

(2) 4 月 15 日支付安裝費時

［分析］企業支付安裝費時，一方面在建工程增加了 2,500 元，應借記「在建工程」科目；另一方面，銀行存款減少了 2,500 元，應貸記「銀行存款」。其會計分錄如下：

借：在建工程　　　　　　　　　　　　　　　　　　　　　2,500
　　貸：銀行存款　　　　　　　　　　　　　　　　　　　　2,500

(3) 4 月 20 日設備安裝完畢並交付使用時

［分析］4 月 20 日設備安裝完畢並交付使用時，固定資產達到預定可使用狀態，一方面企業的固定資產增加了 53,500 元，應借記「固定資產」科目；另一方面，由於在

建工程完工，固定資產交付使用，應將在建工程成本從「在建工程」科目中轉出，即貸記「在建工程」科目。其會計分錄如下：

借：固定資產　　　　　　　　　　　　　　　　　　　　　　53,500
　　貸：在建工程　　　　　　　　　　　　　　　　　　　　　　53,500

8.2.3　無形資產

在知識經濟時代，企業無形資產將能為企業創造更可觀的經濟利益。因此，正確確認、計量企業無形資產，真實反應企業無形資產為企業帶來的經濟利益，對於提供真實、可靠的會計信息是非常有益的。

無形資產是指企業擁有或者控制的沒有實物形態的可辨認非貨幣性資產。它具有以下特徵：①由企業擁有或者控制並能為其帶來未來經濟利益的資源；②無形資產不具有實物形態；③無形資產具有可辨認性；④無形資產屬於非貨幣性資產。無形資產通常包括專利權、非專利技術、商標權、著作權、特許權、土地使用權等。

對於無形資產的核算，主要應設置的帳戶為「無形資產」「累計攤銷」「無形資產減值準備」。

「無形資產」帳戶是資產類帳戶。本科目核算企業持有的無形資產成本，包括專利權、非專利技術、商標權、著作權、土地使用權等。該科目借方登記無形資產的增加額；貸記登記無形資產的減少額；期末借方余額反應企業無形資產的原始價值。本科目可按無形資產項目進行明細核算。

其帳戶的結構如表8-6所示。

表8-6　　　　　　　　　　　「無形資產」帳戶結構

借方	無形資產	貸方
本期發生額：登記企業無形資產的增加額	本期發生額：登記企業無形資產的減少額	
期末余額：期末結存的無形資產的原始價值		

「累計攤銷」帳戶是資產類的備抵帳戶。本科目核算企業對使用壽命有限的無形資產計提的累計攤銷。該科目借方登記無形資產處置時轉銷的累計已攤銷額，貸記登記無形資產分期攤銷的價值，期末貸方余額反應企業無形資產的累計攤銷金額。本科目可按無形資產項目進行明細核算。

其帳戶的結構如表8-7所示。

表8-7　　　　　　　　　　　「累計攤銷」帳戶結構

借方	累計攤銷	貸方
本期發生額：登記企業無形資產處置時轉銷的累計已攤銷額	本期發生額：登記企業無形資產分期攤銷的價值	
	期末余額：反應企業無形資產的累計攤銷額	

以下舉例說明無形資產的會計核算。

【例14】華景公司為擴大市場經營，向國家土地管理部門申請土地使用權，為此付出 3,000,000 元，以銀行存款付訖。

［分析］華景公司購買該項無形資產，則無形資產增加 300 萬元，應記入「無形資產」帳戶的借方；同時，銀行存款減少，則應記入「銀行存款」帳戶的貸方。其會計分錄如下：

　　借：無形資產——土地使用權　　　　　　　　　　　3,000,000
　　　　貸：銀行存款　　　　　　　　　　　　　　　　　　3,000,000

【例15】201×年 1 月 1 日，華景公司從外單位購得一項非專利技術，支付價款 5,000 萬元，款項已支付，估計該項非專利技術的使用壽命為 10 年，該項非專利技術用於產品生產；同時，購入一項商標權，支付價款 3,000 萬元，款項已支付，估計該商標權的使用壽命也為 10 年。假定這兩項無形資產的淨殘值均為零，並按直線法攤銷。

［分析］本例中，華景公司外購的非專利技術的估計使用壽命為 10 年，表明該項無形資產是使用壽命有限的無形資產，且該項無形資產用於產品生產。因此，應當將其攤銷金額計入相關產品的製造成本。華景公司外購的商標權的估計使用壽命為 10 年，表明該項無形資產同樣也是使用壽命有限的無形資產，而商標權的攤銷金額通常直接計入當期管理費用。

華景公司的帳務處理如下：

（1）取得無形資產時

［分析］當華景公司取得該兩項無形資產時，無形資產增加，應記入「無形資產」帳戶的借方；另一方面，用銀行存款支出，銀行存款減少，應記入「銀行存款」帳戶的貸方。其會計分錄如下：

　　借：無形資產——非專利技術　　　　　　　　　　 50,000,000
　　　　　　　　——商標權　　　　　　　　　　　　 30,000,000
　　　　貸：銀行存款　　　　　　　　　　　　　　　　 80,000,000

（2）按年攤銷時

［分析］非專利技術的年攤銷額應為總額 5,000 萬元 10 年的平均數 500 萬元，製造費用增加，應記入「製造費用」帳戶的借方，而商標權的年攤銷額應為 3,000 萬元的 10 年的平均數 300 萬元。管理費用增加，應記入「管理費用」帳戶的借方；另一方面，無形資產的攤銷應計入累計攤銷帳戶的貸方。其會計分錄如下：

　　借：製造費用　　　　　　　　　　　　　　　　　　5,000,000
　　　　管理費用　　　　　　　　　　　　　　　　　　3,000,000
　　　　貸：累計攤銷　　　　　　　　　　　　　　　　8,000,000

【例16】華景公司與 B 公司簽訂商標銷售合同，將一項酒類商標售出，開出的增值稅專用發票上註明價款 200,000 元，增值稅稅額 12,000 元，款項已經存入銀行。該商標的帳面余額為 210,000 元，累計攤銷額為 60,000 元，未計提減值準備。

［分析］企業出售無形資產時，表明企業放棄無形資產的所有權，應將所取得的價

款與該無形資產帳面價值的差額計入當期損益。企業出售無形資產時，應按實際收到的金額，借記「銀行存款」等科目；按已計提的累計攤銷，借記「累計攤銷」科目；按應支付的相關稅費，貸記「應交稅費」等科目；按其帳面餘額，貸記「無形資產」科目；按其差額，貸記「營業外收入」或借記「營業外支出」科目。本例中，企業實際收到的價款為 200,000 + 12,000 = 212,000 元，應記入「銀行存款」帳戶的借方，同時，註銷無形資產的帳面價值，應記入「無形資產」帳戶的貸方，註銷累計攤銷餘額，應記入「累計攤銷」帳戶的借方；另外，增值稅 12,000 元，應記入「應交稅費——應交增值稅」的貸方；之后產生了一個貸差，應記入「營業外收入」帳戶的貸方。其會計分錄如下：

借：銀行存款　　　　　　　　　　　　　　　212,000
　　累計攤銷　　　　　　　　　　　　　　　 60,000
　貸：無形資產　　　　　　　　　　　　　　 210,000
　　　應交稅費——應交增值稅（銷項稅額）　　12,000
　　　營業外收入　　　　　　　　　　　　　　50,000

8.2.4　交易性金融資產

在本書其他章節中，已經就企業的主要經營過程和業務，較系統地說明了如何利用復式記帳原理和借貸記帳法對企業的資金籌集業務、財產物資供應業務、產品生產業務、商品銷售業務、利潤及利潤分配事項進行帳務處理。但是，對企業的對外投資業務尚未涉及，本部分就此類業務的帳務處理方法做一簡要的說明。

投資是指企業為通過分配來增加財富（或為謀求其他利益），而將資產讓渡給其他單位所獲得的另一項資產。按照投資目的分類，投資可以分為交易性投資（金融資產）、持有至到期投資、可供出售投資和長期股權投資等。由於篇幅的原因，此處我們僅介紹交易性投資和長期股權投資。

交易性金融資產是指準備在較短期內出售或回購的投資，企業通常通過交易性投資來獲得短期內的證券價格差額。此類證券的投資期限較短且有活躍市場，存在公允價值。

企業在取得交易性投資時，應當以公允價值計量，在取得交易性投資時所發生的交易費用不構成投資的成本，而是直接計入當期損益（投資收益）。

為反應交易性金融資產的發生、增減變動、處置以及投資損益，會計核算上應設置「交易性金融資產」「投資收益」帳戶。下面分別介紹：

「交易性金融資產」帳戶是資產類帳戶。本帳戶核算企業為交易目的持有的債券投資、股票投資、基金投資等交易性金融資產的公允價值。企業持有的直接指定為以公允價值計量且其變動計入當期損益的金融資產，也在本科目內核算。借方記錄企業購入交易性投資的成本、資產負債表日調增交易性投資的金額；貸方記錄資產負債表日調減交易性投資的金額及出售交易性投資轉銷的帳面金額；餘額在借方，表示企業持有的交易性投資的公允價值。

本科目可以按交易性金融資產的類別和品種，分別通過「成本」「公允價值變動」

等進行明細核算。

其帳戶的結構如表 8-8 所示。

表8-8　　　　　　　　　　　　「交易性金融資產」帳戶結構

借方	交易性金融資產	貸方
本期發生額：登記交易性金融資產的成本	本期發生額：交易性金融資產的轉銷額	
期末余額：反應交易性金融資產的期末結存額		

「投資收益」帳戶是損益類帳戶。該帳戶反應企業對外投資所發生的投資收益或投資損失。該帳戶貸方記錄取得的投資收益；借方記錄發生的投資損失；結轉前餘額在貸方表示本期投資收益大於投資損失的淨額，若結轉前餘額在借方表示本期投資收益小於投資損失的淨額。期末，應將本科目餘額轉入「本年利潤」科目，本科目結轉后應無餘額。本科目可按投資項目進行明細核算，其帳戶的結構如表8-9所示。

表8-9　　　　　　　　　　　　「投資收益」帳戶結構

借方	投資收益	貸方
本期發生額：發生的投資損失額	本期發生額：取得的投資收益額	

以下舉例說明交易性金融資產的會計核算。

【例17】華景公司於201×年8月1日以銀行存款購入乙公司的流通股票20,000股，每股市場價格為5元，其中包含已宣告但尚未發放的現金股利每股0.5元，在交易時發生的相關稅費500元。

[分析] 企業取得交易性投資，按其公允價值借記「交易性金融資產——成本」科目；按發生的交易費用，借記「投資收益」科目；按已到付息期但尚未領取的利息或已宣告但尚未發放的現金股利，借記「應收利息」科目或「應收股利」科目；按實際支付的金額，貸記「銀行存款」等科目。其會計分錄如下：

借：交易性金融資產——成本——乙公司股票　　　　　　　　90,000
　　應收股利　　　　　　　　　　　　　　　　　　　　　　10,000
　　投資收益　　　　　　　　　　　　　　　　　　　　　　　　500
　貸：銀行存款　　　　　　　　　　　　　　　　　　　　　105,000

【例18】8月18日，華景公司將持有的M公司債券全部轉讓給H公司，收到轉讓收入56,000元，並存入銀行。

[分析] 這筆經濟業務發生后，一方面企業銀行存款增加了56,000元，應借記「銀行存款」科目；另一方面，企業所持有的M公司債券已經不屬於本企業的了，應衝銷其原帳面價值50,000元，貸記「交易性金融資產」科目，以保證帳實相符；同時，將其差額6,000元作為該項投資收益，記入「投資收益」科目的貸方。其會計分錄如下：

借：銀行存款　　　　　　　　　　　　　　　　　　　　　　56,000
　貸：交易性金融資產　　　　　　　　　　　　　　　　　　50,000
　　　投資收益　　　　　　　　　　　　　　　　　　　　　　6,000

8.2.5 長期股權投資

長期股權投資是指投資單位通過讓渡資產擁有被投資單位的股權，成為被投資單位的股東，按所持股份比例享有權益並承擔相應責任的投資。

從長期股權投資的概念可以看出長期股權投資具有以下特點：①長期持有。長期股權投資通過長期持有，達到控制被投資單位的目的；②投資單位與被投資單位形成了所有權關係。這是股權投資與債權投資的最大區別；③獲得經濟利益；④按比例承擔風險。當被投資單位出現經營業績不佳，甚至破產清算時，投資單位要承擔相應的投資損失。

為反應長期股權投資的發生、投資額的增減變動、投資收回以及投資損益，會計核算上應設置「長期股權投資」帳戶進行核算。

「長期股權投資」帳戶是資產類帳戶。該帳戶反應企業長期股權投資的增減變動情況。該科目借方登記長期股權投資的取得成本；貸方登記收回投資或其他情況減少投資；期末借方餘額反應企業持有的長期股權投資的價值。在「長期股權投資」科目下可以分別設置「投資成本」「損益調整」等明細科目進行明細核算。其帳戶的結構如表8-10所示。

表8-10   「長期股權投資」帳戶結構

借方	長期股權投資	貸方
本期發生額：登記長期股權投資的取得成本	本期發生額：收回投資或其他情況減少投資	
期末余額：企業持有的長期股權投資的價值		

以下舉例說明長期股權投資的會計核算。

【例19】4月11日，華景公司用閒置未用的設備一套向K公司投資，設備帳面原價為230,000元，已提折舊60,000元，投資各方商定按帳面淨值作為投資額。該設備已辦完投資轉出手續。

[分析]這筆經濟業務發生后，一方面企業對外長期股權投資增加了，應借記「長期股權投資」科目；另一方面，用於投資的固定資產已經不屬於本企業的了，應衝銷其原帳面記錄，包括帳面原價和已計提的累計折舊，貸記「固定資產」科目，借記「累計折舊」科目，以保證帳實相符。其會計分錄如下：

借：長期股權投資　　　　　　　　　　　　　　　　170,000
　　累計折舊　　　　　　　　　　　　　　　　　　　60,000
　　貸：固定資產　　　　　　　　　　　　　　　　　230,000

【例20】4月22日，華景公司以某項專利向其他單位投資，該項專利權的帳面價值為10,000元，雙方同意按帳面價值作為投資額。該項無形資產已辦完投資轉出手續。

[分析]這筆經濟業務發生后，一方面企業對外長期股權投資增加10,000元，應借記「長期股權投資」科目；另一方面，用於投資的無形資產已經不屬於本企業的了，應衝銷

其原帳面記錄，按帳面金額10,000元，貸記「無形資產」科目。其會計分錄如下：
　　借：長期股權投資　　　　　　　　　　　　　　　　　　　　　10,000
　　　　貸：無形資產　　　　　　　　　　　　　　　　　　　　　　10,000

8.2.6　其他資產

其他資產包括其他流動資產和其他長期資產。

其他流動資產主要包括特種儲備物資、凍結物資和凍結存款等。

特種儲備物資是指由於特殊的目的而儲存的各種財產物資。凍結物資是指由於戰爭等原因企業不能靈活使用的各種財產物資。凍結存款是指因訴訟被法院、檢察院等司法機構查封的各種貨幣資產。

其他資產的主要特點在於該資產不參加企業正常的生產經營活動，與企業正常的生產經營活動沒有直接的關係。所以，其他資產必須與參與企業生產經營活動的各項資產分別進行核算反應。不是每一個企業都存在其他資產，因此，這部分內容只作一般性瞭解。

其他長期資產是指除流動資產、固定資產和無形資產之外的資產，如長期待攤費用和合併商譽等。本處只介紹長期待攤費用。

長期待攤費用是指企業已經支出，但攤銷期限在一年以上（不含一年）的各項費用，包括固定資產大修理支出、租用固定資產的改良支出、開辦費、股票債券發行費用等。應當由本期負擔的借款利息、租金等，不得作為長期待攤費用處理。長期待攤費用的特點是：已經發生支出的費用，發生費用所產生的效益主要體現於以後的會計期間，它必須從以後期間的收入中得到補償。長期待攤費用應當單獨核算，在費用項目的受益期限內按期平均攤銷。

固定資產修理支出是指固定進行修理所發生的支出。當固定資產修理費用沒有採用預提辦法，而且支出比較大，收益期超過一年時，應作為長期待攤費用核算。實際發生的修理支出，應在修理間隔期內平均攤銷，即應當在下一次修理前平均攤銷。

租入固定資產的改良支出是指能增加租入固定資產的效用或延長使用壽命的改裝、翻建、改建等支出。這樣規定的依據是，企業從其他單位以經營租賃方式租入的固定資產，所有權屬於出租人，但企業依合同享有使用權。通常雙方在協議中規定，租入企業應按照規定的用途使用，並承擔對租入固定資產進行修理和改良的責任，即發生的修理和改良支出全部由承租方負擔。對租入固定資產進行改良，有助於提高固定資產的效用和功能，但是，由於租入固定資產的所有權不屬於租入企業，承租人只獲得在租賃有效期限內對改良工程的使用權利。因此，其對租入固定資產進行改良工程所發生的支出，應作為長期待攤費用處理。租入固定資產改良支出，應在租賃期限與尚可使用年限兩者孰短的期限內平均攤銷。

開辦費是指企業籌建期間所發生的不應計入有關資產成本的各項費用。開辦費的內容包括：籌建期間工作人員的工資、辦公費、差旅費、培訓費、印刷費、銀行借款利息、律師費、註冊登記費以及其他不能計入固定資產和無形資產的支出。下列費用不應列入開辦費：應由投資者負擔的費用，如投資人的差旅費，構成固定資產和無形

資產的支出，籌建期間應計入工程成本的利息支出和匯兌淨損失等。

開辦費應當在開始生產經營，取得營業收入時停止歸集，並應當在開始生產經營的當月起一次計入開始生產經營當月的損益。

其他長期待攤費用，是指上述各項之外的長期待攤費用，應當在受益期限內平均攤銷。如果長期待攤的費用項目不能使以后會計期間受益的，應當將尚未攤銷的該項目的攤余價值全部轉入當期損益。

對長期待攤費用進行核算，企業應當設置「長期待攤費用」帳戶。該帳戶的借方記錄長期待攤費用的發生，貸方記錄攤銷的長期待攤費用，期末借方余額為尚未攤銷的各項長期待攤費用的攤余價值。該帳戶應按長期待攤費用的種類設置明細帳戶，進行明細核算。其帳戶的結構如表 8－11 所示。

表 8－11　　　　　　　　「長期待攤費用」帳戶結構

借方	長期待攤費用	貸方
本期發生額：登記長期待攤費用的發生額		本期發生額：登記攤銷的長期待攤費用
期末余額：表示尚未攤銷的各項長期待攤費用的攤余價值		

以下舉例說明長期待攤費用的會計核算

【例21】華景公司採用租賃方式臨時租入一幢辦公用房，租期暫定為 4 年。企業為該房屋發生改良支出 144,000 元，改良工程已經完工。

(1) 改良過程發生支出時

［分析］這筆經濟業務為固定資產更新改造工程，其發生的費用在「在建工程」核算。一方面，在建工程增加 144,000 元，應記入借方；另一方面，銀行存款等資產類帳戶減少 144,000 元，應記入貸方。其會計分錄如下：

　　借：在建工程——改良工程　　　　　　　　　　　　　144,000
　　　　貸：銀行存款等科目　　　　　　　　　　　　　　　　144,000

(2) 工程完工結轉工程成本

［分析］工程完工時，應將其成本轉入「長期待攤費用」帳戶。一方面，長期待攤費用增加，應記入借方；另一方面，在建工程需轉出，應記入貸方。其會計分錄如下：

　　借：長期待攤費用　　　　　　　　　　　　　　　　　144,000
　　　　貸：在建工程　　　　　　　　　　　　　　　　　　　144,000

(3) 每月攤銷時，應攤銷的費用為 144,000÷48＝3,000（元）

［分析］在攤銷時，長期待攤費用減少，應記入其貸方，同時，管理費用增加，應記入其借方。其會計分錄如下：

　　借：管理費用　　　　　　　　　　　　　　　　　　　　3,000
　　　　貸：長期待攤費用　　　　　　　　　　　　　　　　　　3,000

【例22】華景公司在籌建期間發生以下支出：用銀行存款支付各項辦公費、培訓

費、印刷費、註冊登記費等100,000元，用現金支付差旅費1,000元，應付工作人員工資36,000元。

（1）籌建期間

［分析］這時發生的費用應記入「長期待攤費用」，所以長期待攤費用增加，應記入借方；另一方面，銀行存款等資產減少，應記入其相應帳戶的貸方。其會計分錄如下：

借：長期待攤費用　　　　　　　　　　　　　　　　137,000
　　貸：銀行存款　　　　　　　　　　　　　　　　　　100,000
　　　　庫存現金　　　　　　　　　　　　　　　　　　　1,000
　　　　應付職工薪酬　　　　　　　　　　　　　　　　 36,000

（2）開始經營

［分析］籌建期間發生的不計入資產價值的費用於生產經營當月一次性攤銷。因此，企業一方面管理費用增加，應記入其借方；另一方面，長期待攤費用減少，應記入其貸方。其會計分錄如下：

借：管理費用　　　　　　　　　　　　　　　　　　137,000
　　貸：長期待攤費用　　　　　　　　　　　　　　　　137,000

第 9 章　財務會計報告的編製與解讀

學習目的：通過本章的學習，學生要瞭解財務會計報告的有關知識；理解財務會計報告的組成內容；掌握資產負債表、利潤表的基本格式、項目內容和編製方法；瞭解財務會計報表分析與解讀的一般方法。

財務會計報告是企業對外提供的反應企業某一特定日期的財務狀況和某一會計期間的經營成果、現金流量等會計信息的文件。它包括財務報表和其他應當在財務會計報告中披露的相關信息和資料。財務報表至少應當包括資產負債表、利潤表、現金流量表等報表及其附註。

財務會計報告的目標是向財務會計報告使用者（包括投資者、債權人、政府相關部門、仲介機構和社會公眾等）提供與企業財務狀況、經營成果和現金流量等有關的會計信息，反應企業管理層受託責任履行情況，有助於財務會計報告使用者做出經濟決策。

財務會計報告提供的會計信息，對企業、國家相關管理部門、投資者、債權人具有重要意義，主要表現在以下幾個方面：

（1）經營管理者利用財務會計報告，全面瞭解企業自身的財務狀況、經營活動和現金流量情況，可以衡量和評價企業的業績和效率，考核和分析有關計劃和政策的執行情況，及時發現經營管理中存在的問題，迅速做出決策，改善經營管理，提高企業效益。

（2）投資者利用財務會計報告，可以分析企業的償債能力、獲利能力、現金營運能力和發展能力，並及時投資及分配決策。

（3）債權人利用財務會計報告，可以瞭解企業的經營業績、償債能力和支付能力，以做出正確的信貸決策。

（4）政府及相關部門利用財務會計報告，可以檢查企業對相關財經法規、政策制度和社會責任的履行情況，以便進行宏觀經濟管理。

9.1　財務會計報告編製準備

9.1.1　財產清查

9.1.1.1　財產清查的概念

客觀反應企業財產物資和債權、債務的真實情況，是會計信息質量的基本要求。但在實際工作中，由於種種原因，財產物資實存數額與帳存數額往往不一致。為了正

確掌握財產物資的真實情況，保證會計資料的客觀可靠，企業必須在帳簿記錄的基礎上，一定的方法，對各項財產物資進行定期或不定期的盤點和核對，做到帳實相符。

財產清查是指通過對貨幣資金、實物資產和往來款項進行盤點或核對，查明實存數與帳存數是否相符的一種專門方法。

9.1.1.2　財產清查的意義

財產清查具有法律依據，同時也是會計工作的客觀需要，對企業具有重要意義。

(1) 保證會計信息的客觀性

通過財產清查，可以查明各項財產物資的實存數，實存數同帳存數的差異，以及發生差異的原因和責任，以便採取措施，尋找減少或消滅差錯的有效辦法，保證帳實相符和會計資料的客觀可靠。

(2) 保護財產物資的安全和完整

通過財產清查，可以查明各項財產物資的保管情況是否良好，有無因管理不善導致的財產遭受損失浪費、霉爛變質、損壞丟失，有無被非法挪用、貪污盜竊的情況，以便採取措施，改善管理，保護財產的完整和安全。

(3) 挖掘財產物資潛力，提高使用效率

通過財產清查，可以查明各項財產物資的儲備和利用情況，有無儲備不足或者積壓、呆滯以及不配套的財產物資，以便採取措施，對儲備不足的，設法補充，保證生產需要；對積壓、呆滯和不配套的及時處理，充分挖掘財產物資的潛力。

(4) 保證財經紀律和結算紀律的執行

通過財產清查，可以查明各項往來款項的結算情況是否正常，有無帳款長期拖欠、在途物資逾期到達、發出商品無故拒付等情況，以便查明原因，採取措施，及時處理，促使企業對外經濟往來的正常進行；同時，可以查明有關財產驗收、保管、收發、調撥、報廢以及現金出納、帳款結算等手續制度的貫徹執行情況，以便採取措施，建立和健全有關財產的管理與核算制度和經濟上、財務上的責任制度。

9.1.1.3　財產清查的種類

財產清查可以按照不同的標準進行分類，主要有以下幾種：

(1) 按財產清查的範圍，可分為全面清查和局部清查

①全面清查。它是指對所有財產物資進行全面、徹底的清查、盤點和核對。全面清查範圍大、內容多、時間長、參與者人員多。全面清查用於以下情況：年終決算之前；單位撤銷、合併或改變隸屬關係前；中外合資、國內合資前；企業股份制改制前；開展全面的資產評估、清產核資前；單位主要領導調離工作前等。

②局部清查。它是指對一部分財產物資所進行的清查。主要是對貨幣資金、存貨等流動性較大的財產的清查。局部清查範圍小、內容少、時間短、參與人員少，但專業性較強。局部清查一般包括下列清查內容：現金應每日清點一次，銀行存款每月至少同銀行核對一次，債權債務每年至少核對一至兩次，各項存貨應有計劃、有重點地抽查，貴重物品每月清查一次等。

（2）按財產清查的時間，分為定期清查和不定期清查

①定期清查。它是按計劃安排的時間對財產物資所進行的清查。定期清查一般在年末、季末、月末和每日結帳時進行，清查範圍可以是全部財產物資，也可以是部分財產物資。

②不定期清查。它是事前並不計劃清查日期而臨時進行的財產清查。不定期清查一般是局部清查，主要在以下幾種情況下進行：財產物資發生意外災害時；更換財產物資的保管人員時；有關部門進行的臨時性檢查等。

9.1.1.4 財產清查的方法

9.1.1.4.1 貨幣資金的清查方法

（1）庫存現金的清查

庫存現金清查是通過實地盤點的方法，確定庫存現金的實有數，再與庫存現金日記帳的帳面結余額進行核對，以查明盈虧情況。

庫存現金清查主要包括兩種情況：一是由出納人員每日清點庫存現金實有數，並與現金日記帳結余額相核對，這是出納人員所做的經常性的現金清查工作；二是由專門的清查小組對庫存現金進行定期或不定期清查。清查時，出納人員必須在場，庫存現金由出納人員進行盤點，清查人員監督盤點。同時，清查人員還應認真審核現金收付憑證和有關帳簿，檢查帳務處理是否合理合法，帳簿記錄有無錯誤，以確定帳存與實存是否相符等。

庫存現金盤點結束後，應根據盤點結果填寫「庫存現金盤點報告表」（見表9-1），並由盤點人員和出納人員簽名確認。現金盤點中如果發現有白條抵充現金和庫存現金超過定額等情況，應在備註中予以說明，以便做出適當的處理。

表9-1　　　　　　　　　　庫存現金盤點報告表
單位名稱：　　　　　　　　　　年　月　日　　　　　　　　　　單位：元

幣　種	實存金額	帳存金額	對比結果		備　註
			溢　余	短　缺	

負責人簽章：　　　　　　　盤點人簽章：　　　　　　　出納員簽章：

（2）銀行存款的清查

銀行存款的清查是通過將開戶銀行的對帳單與本單位銀行存款日記帳的帳面余額相核對，以查明銀行存款的收付及實有數額是否正確。銀行存款日記帳與開戶銀行轉來的對帳單如果不一致，原因主要有兩個方面：一是雙方或一方記帳有錯誤；二是存在未達帳項。

如果在核對中發現屬於企業方面的記帳差錯，經確定后企業應立即更正；屬於銀行方面的記帳差錯，則應通知銀行更正。即使雙方均無記帳錯誤，企業的銀行存款日

記帳余額與銀行對帳單余額也往往不一致，這種不一致一般是由於未達帳項導致的。所謂未達帳項，是指企業與銀行之間，由於憑證傳遞上的時間差，一方已登記入帳，而另一方因尚未收到憑證而未登記入帳的款項。具體地說，未達帳項有下列四種情況：

①企業已收款入帳，而銀行尚未收款入帳；
②企業已付款入帳，而銀行尚未付款入帳；
③銀行已收款入帳，而企業尚未收款入帳；
④銀行已付款入帳，而企業尚未付款入帳。

以上任何一種情況的存在，都會使企業銀行存款日記帳的帳面余額與銀行對帳單的余額不相等。其中在①、④兩種情況下，會使企業帳面的存款余額大於銀行對帳單的余額；而在②、③兩種情況下，又會使企業帳面余額小於銀行對帳單的余額。因此企業在接到銀行轉來的對帳單時，應盡快與銀行存款日記帳核對，找出未達帳項，並據以編製「銀行存款余額調節表」，清除未達帳項的影響，以便檢查雙方記帳有無差錯，並確定企業銀行存款實有數。

「銀行存款余額調節表」的編製是以銀行對帳單的余額和企業銀行存款日記帳余額為基礎，各自分別加上對方收款入帳而本單位尚未入帳的數額，減去對方已付款入帳而本單位尚未入帳的數額。經過調節後，雙方的余額應相互一致。下面舉例說明銀行存款余額調節表的格式和編製方法。

【例1】某企業201×年3月31日的銀行存款日記帳的余額為13,260元，銀行對帳單上的存款余額為15,000元。經逐筆核對，發現未達帳項有：

①企業月末存入的轉帳支票1,160元，銀行尚未入帳；
②企業開出支付貨款的支票520元，銀行尚未入帳；
③銀行代收銷貨款3,600元，企業尚未接到通知未入帳；
④銀行代付電話費1,220元，企業尚未入帳。

根據上述未達帳項，可編製「銀行存款余額調節表」如表9-2所示。

表9-2　　　　　　　　　　銀行存款余額調節表
201×年3月31日　　　　　　　　　　單位：元

項　目	金　額	項　目	金　額
企業銀行存款日記帳余額	13,260	銀行對帳單存款余額	15,000
加：銀行已收，企業未收	3,600	加：企業已收，銀行未收	1,160
減：銀行已付，企業未付	1,220	減：企業已付，銀行未付	520
調節后存款余額	15,640	調節后存款余額	15,640

經過調整后的左右方余額已經消除了未達帳項的影響。如果雙方帳目沒有其他差錯存在，左右雙方調節后的余額必定相符。如不相符，則表明還存在差錯，應進一步查明原因，予以更正。

此外，應該注意的是，調節后的銀行存款余額並不能作為調整帳簿記錄的依據。不能據此將未達帳登入銀行存款帳，而應在收到銀行的收付款通知后，方可進行帳務處理

銀行存款余額調節表只是為核對銀行存款余額而編製的一個工作底稿，不能作為實際記帳的憑證。它只是及時查明本企業和銀行雙方帳目記載有無差錯的一種清查方法。

9.1.1.4.2 實物資產的清查方法

實物資產的清查包括對固定資產、原材料、低值易耗品、在產品、庫存商品、包裝物等實物在數量上和質量上進行的清查，是財產清查的主要內容。在清查中，可根據不同情況，採用實地盤點或技術推算等技術方法來確定實物的實有數。

(1) 實地盤點法，是指通過逐一清點或用計量器具來確定實物資產實存數的一種方法。此方法數字準確可靠，但工作量較大。

(2) 技術推算法，是指通過量方計尺等技術方法推算實物資產實存數的一種方法。適用於單位價值低廉、量大成堆、笨重難移，不便於逐一點數或過磅的實物。例如礦石、煤炭、基建用土石方等。此方法盤點數字不夠準確，但工作量較小。

為了明確責任和便於查核盤點，實物保管人員必須在場並親自參加盤點工作。對各項財產物資的盤點結果，應逐一填製盤存單，並同帳面余額記錄核對，確認盤盈盤虧數，填製實存帳存對比表，作為調整帳面記錄的原始憑證。盤存單及實存帳存對比表的格式參見表9-3、表9-4。

表9-3　　　　　　　　　　　　　　　盤　存　單

企業名稱：　　　　　　　　存放地點：　　　　　　　　　　　　編號：

財產類別：　　　　　　　　盤點時間：

序號	名　稱	規格	計量單位	盤點數量	單價	金額	備註

盤點人簽章：　　　　　　　　　　　　　　　　　　　　負責人簽章：

表9-4　　　　　　　　　　　　　實存帳存對比表

企業名稱：　　　　　　　　　年　　月　　日

序號	名稱	規格	計量單位	單價	實存		帳存		盤盈		盤虧		備註
					數量	金額	數量	金額	數量	金額	數量	金額	

盤點人簽章：　　　　　　　　　　　　　　　　　　　　會計簽章：

9.1.1.4.3 往來款項的清查

往來款項的清查主要是對各種應收款、應付款、暫收款、暫付款等往來業務的清查。往來款項的清查一般採用發函詢證的方法進行核對。具體步驟為：

(1) 檢查本企業各項往來款項帳目的正確性，確認總分類帳與明細分類帳的余額相等，各明細分類帳的余額相符。

（2）根據檢查結果編製「往來款項對帳單」，送交對方單位核對。「往來款項對帳單」的格式一般為一式兩聯，其中一聯作為回單，對方單位核對后退回，蓋章表示核對相符，如不相符由對方單位另外說明。其格式見表9-5。

表9-5　　　　　　　　　　　　　往來結算款項對帳單

企業：　　　　　　　　地址：　　　　　　　　編號：			
會計科目名稱	截止日期	經濟事項摘要	帳面余額

（3）收到回單后，應據此編製「往來款項清查表」，對有爭議的款項以及無法收回或者無需支付的款項等，都應填列在清查表上，並詳細說明核對情況。「往來款項清查表」的一般格式見表9-6。

表9-6　　　　　　　　　　　　　往來款項清查表
總分類帳戶名稱：　　　　　　　201×年×月×日

明細分類帳戶		清查結果		核對不符原因分析			備註
名稱	帳面余額	核對相符金額	核對不符金額	未達帳項金額	有爭議款項金額	其他	

9.1.1.5　財產清查結果的處理

通過財產清查，會發現財產物資管理上和會計核算方面存在的各種問題，對於這些問題都必須認真查明原因，根據國家有關政策、法令和制度的規定，認真地予以處理。

為了記錄、反應財產物資的盤盈、盤虧和毀損情況，核算中需要設置「待處理財產損溢」帳戶（見表9-7）。「待處理財產損溢」是資產類帳戶，專門用來核算在財產清查過程中查明的各種財產物資的盤盈、盤虧和毀損及其處理情況。當財產物資發生盤虧或毀損時，記入該帳戶借方，批准轉銷時記貸方；當財產物資盤盈時，記入該帳戶貸方，批准核銷時記入借方。企業清查時發現的各種損溢，應當於期末前查明原因，並於期末結帳前處理完畢。

表9-7

借方	待處理財產損溢	貸方
待處理財產盤虧、毀損數 轉銷已核批的盤盈數		待處理財產盤盈數 轉銷已核批的盤虧、毀損數
期末余額：0		期末余額：0

在該帳戶下一般設置「待處理非流動資產損溢」和「待處理流動資產損溢」兩個明細帳戶，分別核算非流動資產和流動資產的待處理的損溢。固定資產盤盈作為前期差錯處理，盤虧經核實按規定程序批准轉銷時，計入「營業外支出」帳戶。流動資產盤盈、盤虧經批准轉銷時，計入「管理費用」帳戶，其中屬非常損失的部分計入「營業外支出」帳戶。固定資產和流動資產盤虧及其損失經確定由過失人或保險公司賠償時計入「其他應收款」帳戶。

9.1.1.5.1 審批之前的處理

對於財產清查中發現的盤盈、盤虧，在報經有關領導審批之前，應基於客觀性原則，根據「清查結果報告表」「盤點報告表」等已經查實的數據資料，編製記帳憑證，記入有關帳簿，使帳簿記錄與實際盤存數相符，同時根據企業的管理權限，將處理建議報股東大會或董事會或經理（廠長）會議或類似機構批准。

9.1.1.5.2 審批之後的處理

經批准後根據差異發生的原因和批准處理意見，將處理結果編製會計分錄，並據以登記有關帳簿，進行差異處理，調整帳項。

（1）財產盤盈的帳務處理。企業盤盈的各種材料、庫存商品等，應借記「原材料」「庫存商品」「固定資產」帳戶，貸記「待處理財產損溢」帳戶和「累計折舊」帳戶。盤盈的財產，報經批准後處理時，借記「待處理財產損溢」帳戶，貸記「管理費用」等帳戶。

【例2】某企業在財產清查中盤盈 A 材料一批，價值1,000元。

①報經批准之前，根據「實存帳存對比表」確定的材料盤盈數，編製如下會計分錄：

借：原材料   1,000
　　貸：待處理財產損溢——待處理流動資產損溢   1,000

②在批准後，根據批准處理意見，轉銷材料盤盈的會計分錄如下：

借：待處理財產損溢——待處理流動資產損溢   1,000
　　貸：管理費用   1,000

【例3】某企業在財產清查中發現現金溢余200元，無法查明溢余原因。

①報經批准之前，根據「現金盤點報告表」確定的現金盤盈數，編製如下會計分錄：

借：庫存現金   200
　　貸：待處理財產損溢——待處理流動資產損溢   200

②在批准後，根據批准處理意見，轉銷現金盤盈的會計分錄如下：

借：待處理財產損溢——待處理流動資產損溢   200
　　貸：營業外收入   200

（2）財產盤虧的帳務處理。企業盤虧的各種材料、庫存商品、固定資產等，應借記「待處理財產損溢」帳戶、「累計折舊」帳戶，貸記「原材料」「庫存商品」「固定資產」帳戶。盤虧的財產，報經批准後處理時，對於流動資產的盤虧，應當先將其殘料價值、可以收回的保險賠償和過失人賠償，借記「原材料」「其他應收款」等帳戶；

剩余淨損失中，屬於非常損失部分，借記「營業外支出」帳戶，貸記「待處理財產損溢」帳戶；屬於一般經營損失部分，借記「管理費用」帳戶，貸記「待處理財產損溢」帳戶。對於固定資產的盤虧，則借記「營業外支出」帳戶，貸記「待處理財產損溢」帳戶。

【例4】某企業在財產清查中盤虧機床一臺，原價16,000元，已提折舊9,000元。

①報經批准之前，根據「實存帳存對比表」確定的固定資產盤虧數，編製如下會計分錄：

借：待處理財產損溢——待處理非流動資產損溢　　　　　　　7,000
　　累計折舊　　　　　　　　　　　　　　　　　　　　　　9,000
　貸：固定資產　　　　　　　　　　　　　　　　　　　　　　16,000

②報經批准後，根據批准處理意見轉作營業外支出處理，則轉銷固定資產盤虧編製會計分錄如下：

借：營業外支出　　　　　　　　　　　　　　　　　　　　　12,000
　貸：待處理財產損益——待處理非流動資產損溢　　　　　　　12,000

【例5】某企業在財產清查中盤虧乙材料一批，價值1,000元，其中800元屬於非常損失，200元屬於自然損耗。

①報經批准之前，根據「實存帳存對比表」確定的材料盤虧數，編製如下會計分錄：

借：待處理財產損溢——待處理流動資產損溢　　　　　　　　1,000
　貸：原材料　　　　　　　　　　　　　　　　　　　　　　　1,000

②在批准後，根據批准處理意見，轉銷材料盤虧的會計分錄如下：

借：管理費用　　　　　　　　　　　　　　　　　　　　　　　200
　　營業外支出　　　　　　　　　　　　　　　　　　　　　　800
　貸：待處理財產損溢——待處理流動資產損溢　　　　　　　　1,000

【例6】某企業在財產清查中，發現現金短缺500元，其中300元應由出納員賠償，另外200元無法查明原因。

①報經批准之前，根據「現金盤點報告表」確定的現金盤虧數，編製如下會計分錄：

借：待處理財產損溢——待處理流動資產損溢　　　　　　　　　500
　貸：庫存現金　　　　　　　　　　　　　　　　　　　　　　　500

②在批准後，根據批准處理意見，轉銷現金盤虧的會計分錄如下：

借：其他應收款　　　　　　　　　　　　　　　　　　　　　　300
　　管理費用　　　　　　　　　　　　　　　　　　　　　　　200
　貸：待處理財產損溢——待處理流動資產損溢　　　　　　　　　500

9.1.2　對帳

在日常會計工作中，在填製憑證、記帳、過帳、算帳、結帳、計算的過程中，難免會發生差錯，出現帳款、帳物不符的情況。因而，在結帳前後，要通過對帳，將有

關帳簿記錄進行核對，確保會計核算資料的正確性和完整性，為編製會計報表提供真實可靠的數據資料。對帳的內容一般包括帳證核對、帳帳核對、帳實核對幾個方面。

（1）帳證核對

帳證核對是指核對會計帳簿記錄與原始憑證、記帳憑證之間的核對，主要核對會計帳簿記錄與原始憑證、記帳憑證的時間、憑證字號、內容、金額是否一致，記帳方向是否相符。一般來說，日記帳應與收、付款憑證相核對，總帳應與記帳憑證相核對，明細帳應與記帳憑證或原始憑證相核對。

（2）帳帳核對

帳帳核對是指核對不同會計帳簿之間的帳簿記錄是否相符。為了保證帳帳相符，必須將各種帳簿之間的有關數據相核對。具體核對的內容包括：

①總分類帳戶的余額核對。資產類帳戶的余額應等於權益類帳戶的余額，或總帳帳戶的借方期末余額合計數應與貸方期末余額合計數核對相符。

②總分類帳與所屬明細分類帳核對。總帳帳戶的期末余額應與所屬明細分類帳戶期末余額之和核對相符。

③總分類帳與序時帳核對。現金日記帳和銀行存款日記帳期末余額應分別同有關總分類帳戶的期末余額核對相符。

④明細分類帳之間的核對。會計部門各種財產物資明細分類帳的期末余額應與財產物資保管或使用部門有關明細帳的期末余額核對相符。

（3）帳實核對

帳實核對是指各項財產物資、債權債務等帳面余額與實有數額之間的核對。為了保證帳實相符、應將各種帳簿記錄與有關財產物資的實有數相核對。具體核對內容包括：

①現金日記帳帳面余額與庫存現金數額核對；

②銀行存款日記帳帳面余額與銀行對帳單的余額核對；

③各項財產物資明細帳帳面余額與財產物資的實有數額核對；

④有關債權債務明細帳帳面余額與對方單位的帳面記錄核對。

9.1.3 結帳

為了總結某一會計期間（月份、季度、年度）帳簿中記錄的經濟業務，便於瞭解財務狀況和經營成果，為編製會計報表做好準備工作，必須定期進行結帳。所謂結帳，就是在會計期間終了時對帳簿記錄進行的結算工作。結帳的內容通常包括兩個方面：一是結清各種損益類帳戶，並據以計算確定本期利潤；二是結清各資產、負債和所有者權益帳戶，分別結出本期發生額合計和余額。

（1）結帳的程序

①將本期發生的經濟業務事項全部登記入帳，並保證其正確性；

②根據權責發生制的要求，調整有關帳項，合理確定本期應計的收入和應計的費用；

③將損益類科目轉入「本年利潤」科目，結平所有損益類科目；

④結算出資產、負債和所有者權益科目的本期發生額和余額，並結轉下期。

（2）結帳的方法

①對不需按月結計本期發生額的帳戶，如各項應收、應付款項明細帳、實物資產明細帳等，每次記帳以後，都要隨時結出余額，每月最後一筆余額為月末余額。月末結帳時，只需要在最後一筆經濟業務事項記錄之下通欄劃單紅線，不需要再結計一次余額。

②現金、銀行存款日記帳和需要按月結計發生額的收入、費用等明細帳，每月結帳時，要結出本月發生額和余額，在摘要欄內註明「本月合計」字樣，並在下面通欄劃單紅線。

③需要結計本年累計發生額的某些明細帳戶，每月結帳時，應在「本月合計」行下結出自年初起至本月末止的累計發生額，登記在月份發生額下面，在摘要欄內註明「本年累計」字樣，並在下面通欄劃單紅線。12月末的「本年累計」就是全年累計發生額，全年累計發生額下通欄劃雙紅線。

④總帳帳戶平時只需結出月末余額。年終結帳時，將所有總帳帳戶結出全年發生額和年末余額，在摘要欄內註明「本年合計」字樣，並在合計數下通欄劃雙紅線。

⑤年度終了結帳時，有余額的帳戶，要將其余額結轉下年，並在摘要欄註明「結轉下年」字樣；在下一會計年度新建有關會計帳戶的第一行余額欄內填寫上年結轉的余額，並在摘要欄註明「上年結轉」字樣，格式如表9-8所示。

表9-8　　　　　　　　　　　應付帳款

| 201×年 || 憑證號 || 摘　　要 | 借方 | 貸方 | 借或貸 | 余額 |
月	日	字	號					
2	1			期初余額			貸	10,000
12	31			本月合計	5,000	10,000	貸	15,000
	31			本季累計	15,000	20,000	貸	15,000
	31			本年累計	55,000	60,000	貸	15,000

9.2　財務會計報告的編製

9.2.1　財務會計報告的編製要求

為了使財務會計報告能夠最大限度地滿足各有關方面的需要，實現編製財務會計報告的目標，充分發揮財務會計報告的作用，企業編製財務會計報告，應當根據真實的交易、事項以及完整、準確的帳簿記錄等資料，嚴格遵循國家會計制度規定的編製基礎、編製依據、編製原則和編製方法。為了確保會計信息的質量，在編製財務會計報告時，應當符合以下基本要求。

（1）數字真實

企業應當根據真實、正確、完整的會計資料，按照國家統一的會計制度規定編製財務報表，以保證財務報表的真實性。不能用估計數代替實際數，更不能弄虛作假，篡改數字，隱瞞謊報。

（2）相關可比

財務會計報告各項目的數據應當口徑一致、相互可比，便於使用者在不同企業之間及同一企業前後各期之間進行比較。只有提供相關且可比的信息，才能使財務報告使用者分析企業在整個社會特別是同行業中的地位，瞭解、判斷企業過去、現在的情況，預測企業未來的發展趨勢，進而為財務報告使用者的決策服務。

（3）內容完整

每個企業都必須按照國家統一規定的報表種類、格式和內容編製財務報表，以保證完整性。對不同的會計期間（月、季、半年、年）應當編報的各種財務報告，必須編報齊全；應當填列的報表指標，無論是表內項目，還是補充資料，必須全部填列；應匯總編製的所屬各企業的會計報表，必須全部匯總，不得漏編、漏報。

（4）報送及時

企業財務會計報告所提供的信息資料，具有很強的時效性。只有及時編製和報送會計報表，才能為使用者提供決策所需的信息資料。否則，即使真實可靠、全面完整且可比性強的財務報告由於編報不及時，也可能失去其應有的價值，成為相關性較低甚至不相關的信息。隨著市場經濟和信息技術的迅速發展，財務會計報告的及時性要求將變得日益重要。

（5）便於理解

可理解性是指財務會計報告提供的信息可以為使用者所理解。因此，編製的會計報表應當清晰明瞭，便於理解和利用。如果提供的財務會計報告晦澀難懂，不可理解，使用者就不能據以做出準確的判斷，所提供的財務報告的作用也會大大減少。

9.2.2　資產負債表的編製

9.2.2.1　資產負債表的概念和作用

資產負債表是指反應企業在某一特定日期的財務狀況的會計報表。它是依據「資產＝負債＋所有者權益」的會計方程式，按照一定的分類標準和順序，將企業在一定日期的全部資產、負債和所有者權益項目進行適當分類、匯總、排列後編製而成的。它反應企業在某一特定日期所擁有或控制的經濟資源、所承擔的現時義務和所有者對淨資產的要求權，屬於反應企業財務狀況的靜態報表。資產負債表提供的會計信息能夠起到如下作用：

（1）提供某一特定日期資產的總額及其結構，表明企業擁有或控制的資源及其分佈情況；

（2）提供某以特定日期的負債總額及其結構，表明企業未來需要用多少資產或勞務清償債務以及清償的時間；

(3) 反應所有者擁有的權益，據以判斷資產保值、增值情況以及對負債的保障程度；

(4) 提供財務分析的基本資料。

9.2.2.2 資產負債表的內容和結構

9.2.2.2.1 資產負債表的內容

(1) 資產

資產負債表中的資產反應由過去交易、事項形成並由企業在某一特定日期所擁有或控制的、預期會給企業帶來經濟利益的資源。資產一般按照流動資產、非流動資產分類並進一步分項列示。流動性強的資產項目在前，流動性弱的資產項目在後。

①流動資產

流動資產各項目在資產負債表中的排列順序為：貨幣資金、交易性金融資產、應收票據、應收帳款、預付款項、應收利息、應收股利、其他應收款、存貨等。

②非流動資產

非流動資產各項目在資產負債表中的排列順序為：可供出售金融資產、持有至到期投資、長期應收款、長期股權投資、固定資產、無形資產和長期待攤費用等。

(2) 負債

資產負債表中的負債反應企業在某一特定日期企業所承擔的、預期會導致經濟利益流出企業的現時義務。一般分為流動負債和非流動負債（長期負債）。負債項目按債務償還期的長短排列，償還期短的債務排序在前，償還期長的債務排序在後。

①流動負債。流動負債各項目的排列順序為：短期借款、交易性金融負債、應付票據、應付帳款、應付職工薪酬、應交稅費、應付利息、應付股利、其他應付款等。

②非流動負債。非流動負債各項目的排列順序為：長期借款、應付債券、長期應付款和預計負債等。

(3) 所有者權益

資產負債表中的所有者權益反應企業在某一特定日期股東（投資者）擁有的淨資產的總額，它一般按照實收資本、資本公積、盈余公積和未分配利潤分項列示。

9.2.2.2.2 資產負債表的結構

資產負債表的結構主要有帳戶式和報告式兩種。在中國，企業的資產負債表一般採用帳戶式結構。資產負債表的具體結構如表9-9所示。

表9-9　　　　　　　　　　　　　資產負債表

會企01表

編製單位：　　　　　　　　　年　月　日　　　　　　　　　　單位：元

資　產	期末余額	年初余額	負債和所有者權益	期末余額	年初余額
流動資產：			流動負債：		
貨幣資金			短期借款		
交易性金融資產			交易性金融負債		

表9-9(續)

資　　產	期末余額	年初余額	負債和所有者權益	期末余額	年初余額
應收票據			應付票據		
應收帳款			應付帳款		
預付款項			預收款項		
應收利息			應付職工薪酬		
應收股利			應交稅費		
其他應收款			應付利息		
存貨			應付股利		
一年內到期的非流動資產			其他應付款		
其他流動資產			一年內到期的非流動負債		
流動資產合計			其他流動負債		
非流動資產：			流動負債合計		
可供出售金融資產			非流動負債：		
持有至到期投資			長期借款		
長期應收款			應付債券		
長期股權投資			長期應付款		
投資性房地產			專項應付款		
固定資產			預計負債		
在建工程			遞延所得稅負債		
工程物資			其他非流動負債		
固定資產清理			非流動負債合計		
生產性生物資產			負債合計		
油氣資產			所有者權益（或股東權益）：		
無形資產			實收資本（或股本）		
開發支出			資本公積		
商譽			減：庫存股		
長期待攤費用			盈余公積		
遞延所得稅資產			未分配利潤		
其他非流動資產			所有者權益（或股東權益）合計		
非流動資產合計					
資產總計			負債和所有者權益（或股東權益）總計		

如表9-9所示，帳戶式結構的資產負債表由表頭、表身和表尾等部分組成。表頭

部分應列明報表名稱、編表單位名稱、編製日期和金額計量單位；表身部分反應資產、負債和所有者權益的內容；表尾部分為補充說明。其中，表身部分是資產負債表的主體和核心。

資產負債表的表身分為左右兩方：左方列示資產各項目，並按照流動性大小反應全部資產的分佈及存在形態；右方列示負債和所有者權益各項目，反應全部負債和所有者權益的內容及構成情況。資產負債表左右雙方平衡，資產總計等於負債和所有者權益總計。此外，為了使用者通過比較不同時點資產負債表的數據，掌握企業財務的變動情況及發展趨勢，資產負債表還設置有「年初余額」和「期末余額」兩欄分別填列。

9.2.2.3 資產負債表的編製方法

(1)「年初余額」欄的列報

資產負債表「年初余額」欄內各項數字，應根據上年末資產負債表「期末余額」欄內所列數字填列。如果上年度資產負債表規定的各個項目的名稱和內容同本年度不相一致，應對上年年末資產負債表各項目的名稱和數字按照本年度的項目進行調整，填入表中「年初余額」欄內。

(2)「期末余額」欄的列報

資產負債表「期末余額」欄內各項目數字的列報，一般應根據資產、負債和所有者權益類帳戶的期末余額填列。主要包括以下方式：

①根據總帳帳戶余額填列。資產負債表中的有些項目，可直接根據有關總帳帳戶的余額填列，如「短期借款」「應付票據」等項目；有些項目則需根據幾個總帳帳戶的期末余額計算填列，如「貨幣資金」項目，需根據「庫存現金」「銀行存款」「其他貨幣資金」三個總帳帳戶的期末余額的合計數填列。

②根據明細帳帳戶余額計算填列。如「應付帳款」項目，需要根據「應付帳款」和「預付款項」兩個帳戶所屬的相關明細帳戶的期末貸方余額計算填列；「應收帳款」項目，需要根據「應收帳款」和「預收款項」兩個帳戶所屬的相關明細帳戶的期末借方余額計算填列。

③根據總帳帳戶和明細帳帳戶余額分析計算填列。如「長期借款」項目，需要根據「長期借款」總帳帳戶余額扣除「長期借款」帳戶所屬的明細帳戶中將在一年內到期且企業不能自主地將清償義務展期的長期借款后的金額計算填列。

④根據帳戶余額減去其備抵帳戶余額后的淨額填列。如「固定資產」項目，應當根據「固定資產」帳戶的期末余額減去「累計折舊」「固定資產減值準備」備抵帳戶余額后的淨額填列。

(3) 部分項目的列報說明

①「貨幣資金」項目，反應企業期末持有的現金、銀行存款和其他貨幣資金等總額。本項目應根據「庫存現金」「銀行存款」「其他貨幣資金」帳戶期末余額的合計數填列。

②「應收票據」項目，反應企業因銷售商品、提供勞務等而收到的商業匯票，包括銀行承兌匯票和商業承兌匯票。本項目應根據「應收票據」帳戶的期末余額，減去

「壞帳準備」帳戶中有關應收票據計提的壞帳準備期末余額后的金額填列。

③「應收帳款」項目，反應企業因銷售商品、提供勞務等經營活動應收取的款項的實際價值。本項目應根據「應收帳款」和「預收帳款」帳戶所屬各明細帳戶的期末借方余額合計減去「壞帳準備」帳戶中有關應收帳款計提的壞帳準備期末余額后的金額填列。如「應收帳款」科目所屬明細科目期末有貸方余額的，應在資產負債表「預收款項」項目內填列。

④「預付款項」項目，反應企業按照購貨合同規定預付給供應單位的款項等。本項目應根據「預付帳款」和「應付帳款」帳戶所屬各明細帳戶的期末借方余額合計數，減去「壞帳準備」帳戶中有關預付款項計提的壞帳準備期末余額后的金額填列。如「預付帳款」帳戶所屬各明細科目期末有貸方余額的，應在資產負債表「應付帳款」項目內填列。

⑤「應收利息」項目，反應企業應收取的債券投資等的利息的期末價值。本項目應根據「應收利息」帳戶的期末余額，減去「壞帳準備」帳戶中有關應收利息計提的壞帳準備期末余額后的金額填列。

⑥「應收股利」項目，反應企業應收取的現金股利和應收取的其他單位分配的利潤的期末價值。本項目應根據「應收股利」帳戶的期末余額，減去「壞帳準備」帳戶中有關應收股利計提的壞帳準備期末余額后的金額填列。

⑦「其他應收款」項目，反應企業期末持有的除應收票據、應收帳款、預付帳款、應收股利、應收利息等經營活動以外的其他各種應收、暫付的款項的實際價值，本項目應根據「其他應收款」帳戶的期末余額，扣減「壞帳準備」帳戶中有關其他應收款計提的壞帳準備期末余額后的淨額填列。

⑧「存貨」項目，反應企業期末在庫、在途和加工中的各種存貨的可變現淨值。本項目應根據「材料採購」「原材料」「庫存商品」「週轉材料」「委託加工物資」「委託代銷商品」「生產成本」等帳戶的期末余額合計，減去「受託代銷商品款」「存貨跌價準備」帳戶期末余額后的金額填列。

⑨「固定資產」項目，反應企業各種固定資產原價減去累計折舊和累計減值準備后的淨額。本項目應根據「固定資產」帳戶的期末余額，減去「累計折舊」和「固定資產減值準備」帳戶期末余額后的金額填列。

⑩「短期借款」項目，反應企業向銀行或其他金融機構等借入的期限在一年以下（含一年）的各種借款。本項目應根據「短期借款」帳戶的期末余額填列。

⑪「應付票據」項目，反應企業購買材料、商品和接受勞務供應等而開出、承兌的商業匯票，包括銀行承兌匯票和商業承兌匯票。本項目應根據「應付票據」帳戶的期末余額填列。

⑫「應付帳款」項目，反應企業因購買原材料、商品和接受勞務供應等應付給供應單位的款項。本項目應根據「應付帳款」和「預付帳款」帳戶所屬各有關明細科目的期末貸方余額合計數填列；如「應付帳款」帳戶所屬各明細科目期末有借方余額的，應在本表內「預付款項」項目內填列。

⑬「預收款項」項目，反應企業按照購貨合同規定預付給供應單位的款項。本項

目應根據「預收帳款」和「應收帳款」帳戶所屬各明細科目的期末貸方余額合計數填列。如「預收帳款」帳戶所屬各明細科目期末有借方余額，應在資產負債表「應收帳款」項目內填列。

⑭「應付職工薪酬」項目，反應企業根據有關規定應付給職工的工資、福利、社會保險費、住房公積金、工會經費、職工教育經費等各種薪酬。本項目應根據「應付職工薪酬」帳戶期末貸方余額填列；

⑮「應交稅費」項目，反應企業按照稅法規定計算應交納的各種稅費。企業代扣代交的個人所得稅，也通過本項目列示。企業所交納的稅金不需要預計應交數的，如印花稅、耕地占用稅等，不在本項目列示。本項目應根據「應交稅費」帳戶的期末貸方余額填列；如「應交稅費」科目期末為借方余額，應以「一」號填列。

⑯「應付利息」項目，反應企業按照規定應當支付的利息，包括分期付息到期還本的長期借款應支付的利息、企業發行的企業債券應支付的利息等。本項目應當根據「應付利息」帳戶的期末余額填列。

⑰「應付股利」項目，反應企業分配的現金股利或利潤。企業分配的股票股利，不通過本項目列示。本項目應根據「應付股利」帳戶的期末余額填列。

⑱「其他應付款」項目，反應企業除應付票據、應付帳款、預收款項、應付職工薪酬、應付股利、應付利息、應交稅費等經營活動以外的其他各項應付、暫收的款項。本項目應根據「其他應付款」帳戶的期末余額填列。

⑲「長期借款」項目，反應企業向銀行或其他金融機構借入的期限在一年以上（不含一年）的各項借款。本項目應根據「長期借款」帳戶的期末余額減去起明細帳中將要在一年內到期部分后的淨額填列。

⑳「實收資本」（或股本）項目，反應企業各投資者實際投入的資本（或股本）總額。本項目應根據「實收資本」（或「股本」）帳戶的期末余額填列。

㉑「資本公積」項目，反應企業資本公積的期末余額。本項目應根據「資本公積」帳戶的期末余額填列。

㉒「盈余公積」項目，反應企業盈余公積的期末余額。本項目應根據「盈余公積」帳戶的期末余額填列。

㉓「未分配利潤」項目，反應企業尚未分配的利潤。本項目應根據「本年利潤」帳戶和「利潤分配」帳戶的余額計算填列。未彌補的虧損，在本項目內以「一」填列。

9.2.2.4 資產負債表編製舉例

【例7】甲公司201×年12月31日有關帳戶余額如表9-10所示。

表9-10　　　　　　　甲公司201×年12月31日有關帳戶余額

單位：元

帳戶名稱	借方余額	貸方余額	帳戶名稱	借方余額	貸方余額
庫存現金	6,000				
銀行存款	2,780,000		短期借款		300,000

表9-10(續)

帳戶名稱	借方余額	貸方余額	帳戶名稱	借方余額	貸方余額
交易性金融資產	80,000		應付帳款		280,000
應收帳款	20,000		其他應付款		6,000
壞帳準備		6,000	應付票據		10,000
其他應收款	36,000		應交稅費		219,000
原材料	39,000		應付利息		22,800
庫存商品	45,000		長期借款		400,000
長期股權投資	500,000		應付債券		212,000
長期股權投資減值準備		64,000	實收資本		2,000,000
固定資產	4,940,000		盈余公積		2,132,200
累計折舊		800,000	利潤分配		2,140,000
在建工程	130,000				
無形資產	16,000				
合　計	8,592,000	870,000	合　計		7,722,000

現將上述資料經歸納分析后填入資產負債表如下：

(1) 將「庫存現金」「銀行存款」帳戶余額合併列入「貨幣資金」項目，共計 2,786,000元（6,000＋2,780,000）。

(2) 將「壞帳準備」項目6,000元從「應收帳款」項目20,000元中減去，其差14,000元（20,000－6,000）填列入資產負債表中的「應收帳款」項目。

(3) 將「原材料」「庫存商品」帳戶余額合併為「存貨」項目，共計84,000元（39,000＋45,000）。

(4) 從「長期股權投資」帳戶中減去「長期股權投資減值準備」64,000元，「長期股權投資」項目的余額為436,000元（500,000－64,000）。

(5) 將「固定資產」帳戶的期末余額4,940,000元減去「累計折舊」帳戶的期末余額800,000元后的金額4,140,000元（4,940,000－800,000）填列。

(6) 「未分配利潤」項目根據「利潤分配」帳戶的余額2,140,000元填列。

(7) 其余各項目按帳戶余額表列示數字直接填入報表。

具體如表9-11所示。

表9-11　　　　　　　　　　　　資產負債表

會企01表

編製單位：　　　　　　　　201×年12月31日　　　　　　　　　　　單位：元

資　產	期末余額	年初余額	負債和所有者權益	期末余額	年初余額
流動資產：			流動負債：		
貨幣資金	2,786,000		短期借款	300,000	

表9-11(續)

資　產	期末余額	年初余額	負債和所有者權益	期末余額	年初余額
交易性金融資產	80,000		交易性金融負債		
應收票據			應付票據	10,000	
應收帳款	14,000		應付帳款	280,000	
預付款項			預收款項		
應收利息			應付職工薪酬		
應收股利			應交稅費	219,000	
其他應收款	36,000		應付利息	22,800	
存貨	84,000		應付股利		
一年內到期的非流動資產			其他應付款	6,000	
其他流動資產			一年內到期的非流動負債		
流動資產合計	3,000,000		其他流動負債		
非流動資產:			流動負債合計	837,800	
可供出售金融資產			非流動負債:		
持有至到期投資			長期借款	400,000	
長期應收款			應付債券	212,000	
長期股權投資	436,000		長期應付款		
投資性房地產			專項應付款		
固定資產	4,140,000		預計負債		
在建工程	130,000		遞延所得稅負債		
工程物資			其他非流動負債		
固定資產清理			非流動負債合計	612,000	
生產性生物資產			負債合計	1,449,800	
油氣資產			所有者權益(或股東權益):		
無形資產	16,000		實收資本(或股本)	2,000,000	
開發支出			資本公積		
商譽			減：庫存股		
長期待攤費用			盈余公積	2,132,200	
遞延所得稅資產			未分配利潤	2,140,000	
其他非流動資產			所有者權益(或股東權益)合計	6,272,200	
非流動資產合計	4,722,000				
資產總計	7,722,000		負債和所有者權益(或股東權益)總計	7,722,000	

9.2.3 利潤表的編製

9.2.3.1 利潤表的概念和作用

利潤表又稱損益表，是指反應企業在一定會計期間的經營成果的會計報表。其反應的主要內容是企業在一定期間內實現的所有收入和利得與所有費用和損失，並據以計算該期間的利潤總額。利用該表所反應的會計信息，可以評價企業的經營效率和成果，評估投資的價值和報酬，從而衡量企業在經營管理上的成功程度。比較和分析利潤表中各項收入和費用的構成要素，比較企業前後各期和行業間的各項報酬率指標，還可以瞭解企業的獲利能力，並據以預測其在未來一定時期內的盈利趨勢。此外，利用該表還可以考核企業利潤計劃的完成情況，分析利潤增減變動的原因，以便進一步找出管理中的漏洞和弊端，完善經營管理，提高經營管理水平和經濟效益。同時，稅務部門也可以把該表作為確定企業應納所得稅的依據。

9.2.3.2 利潤表的內容和結構

（1）利潤表的內容

①構成營業利潤的各項要素。包括營業收入、營業成本、營業稅金及附加、銷售費用、管理費用、財務費用、資產減值損失、公允價值變動收益、投資收益。

營業利潤 = 營業收入 − 營業成本 − 期間費用 − 營業稅金及附加 − 資產減值損失
　　　　　＋公允價值變動淨收益 ＋ 投資淨收益

②構成利潤總額的各項要素。包括營業利潤、營業外收入、營業外支出。

利潤總額 = 營業利潤 ＋ 營業外收入 − 營業外支出

③構成淨利潤（或淨虧損）的各項要素。包括利潤總額、所得稅費用。

淨利潤 = 利潤總額 − 所得稅費用

普通股或潛在普通股已公開交易的企業，以及正處於公開發行普通股或潛在普通股過程中的企業，還應當在利潤表中列示每股收益信息，包括基本每股收益和稀釋每股收益兩項指標。

（2）利潤表的結構

利潤表的結構主要有多步式和單步式兩種。在中國，企業利潤表一般採用多步式結構。其具體結構如表 9 – 12 所示。

表 9 – 12　　　　　　　　　　　利潤表

會企 02 表

編製單位：　　　　　　　　　　　　年　　　　　　　　　　　　單位：元

項　　目	行次	本期金額	上期金額
一、營業收入			
減：營業成本			
營業稅金及附加			

表9-12(續)

項　　目	行次	本期金額	上期金額
銷售費用			
管理費用			
財務費用			
資產減值損失			
加：公允價值變動收益（損失以「－」號填列）			
投資收益（損失以「－」號填列）			
其中：對聯營企業和合營企業的投資收益			
二、營業利潤（虧損以「－」號填列）			
加：營業外收入			
減：營業外支出			
其中：非流動資產處置損失			
三、利潤總額（虧損總額以「－」號填列）			
減：所得稅費用			
四、淨利潤（淨虧損以「－」號填列）			
五、每股收益：			
（一）基本每股收益			
（二）稀釋每股收益			

　　如表9-12所示，利潤表通常由表首、表身和表尾等部分組成。表首應列示編表單位的名稱、報表名稱、編製期間、貨幣計量單位；表身反應利潤表的構成內容，是利潤表的主體和核心；表尾部分為補充說明。其中，表身部分是利潤表的主體和核心，通過對當期的收入、費用、支出項目按性質加以分類，按利潤形成的主要環節列示一些中間性利潤指標，分步計算當期淨損益。

　　為了使報表使用者通過比較不同期間利潤的實現情況，判斷企業經營成果的未來發展趨勢，企業需要提供比較利潤表，利潤表還就各項目再分為「本期金額」和「上期金額」兩欄分別列示。

9.2.3.3　利潤表的編製方法

　　(1)「上期金額」欄的列報

　　利潤表「上期金額」欄內各項數字，應根據上年度該期利潤表「本期金額」欄內所列數字填列。如果上年度該期利潤表規定的各個項目的名稱和內容同本期不相一致，應對上年度該期利潤表各項目的名稱和數字按本期的項目進行調整，填入本表「上期金額」欄內。

(2)「本期金額」欄的列報

利潤表「本期金額」欄內各項數字，應根據損益類帳戶的發生額分析填列。

(3) 部分項目的列報說明

①「營業收入」項目，反應企業經營主要業務和其他業務所確認的收入總和。本項目應根據「主營業務收入」和「其他業務收入」帳戶的發生額分析填列。

②「營業成本」項目，反應企業經營主要業務和其他業務發生的實際成本總額。本項目應根據「主營業務成本」和「其他業務成本」帳戶的發生額分析填列。

③「營業稅金及附加」項目，反應企業經營業務應負擔的營業稅、消費稅、城市建設維護稅、資源稅、土地增值稅和教育費附加等。本項目應根據「營業稅金及附加」帳戶的發生額分析填列。

④「銷售費用」項目，反應企業在銷售商品過程中發生的包裝費、廣告費和為銷售本企業商品而專設的銷售機構的職工薪酬、業務費等經營費用。本項目應根據「銷售費用」帳戶的發生額分析填列。

⑤「管理費用」項目，反應企業為組織和管理生產經營發生的管理費用。本項目應根據「管理費用」帳戶的發生額分析填列。

⑥「財務費用」項目，反應企業籌集生產經營所需資金等而發生的籌資費用。本項目應根據「財務費用」帳戶的發生額分析填列。

⑦「投資收益」項目，反應企業以各種方式對外投資所取得的收益。本項目應根據「投資收益」帳戶的發生額分析填列，如為淨損失，以「－」號填列。

⑧「營業利潤」項目，反應企業實現的營業利潤，表內計算填列。如為虧損，以「－」號填列。

⑨「營業外收入」項目，反應企業發生的與經營業務無直接關係的各項收入。本項目應根據「營業外收入」帳戶的發生額分析填列。

⑩「營業外支出」項目，反應企業發生的與經營業務無直接關係的各項支出。本項目應根據「營業外支出」帳戶的發生額分析填列。

⑪「利潤總額」項目，反應企業實現的利潤總額，表內計算填列。如為虧損總額，以「－」填列。

⑫「所得稅費用」項目，反應企業根據所得稅準則確認的應從當期利潤總額中扣除的所得稅費用。本項目應根據「所得稅費用」帳戶的發生額分析填列。

⑬「淨利潤」項目，反應企業實現的淨利潤，表內計算填列。如為虧損，以「－」號填列。

9.2.3.4 利潤表編製示例

【例8】某企業201×年12月份有關項目發生額如表9-13所示。

表9-13　　　　　　　某企業201×年12月份有關項目發生額

201×年12月　　　　　　　　　　　單位：元

科　目　名　稱	借方發生額	貸方發生額
主營業務收入		1,200,000
主營業務成本	200,000	
營業稅金及附加	20,000	
銷售費用	250,000	
管理費用	80,000	
財務費用	50,000	
資產減值損失	50,000	
投資收益		50,000
營業外收入		20,000
營業外支出	50,000	
所得稅費用	190,000	

根據上述資料，計算各項目內容如下：

（1）營業收入＝主營業務收入＋其他業務收入＝1,200,000＋0＝1,200,000（元）

（2）營業成本＝主營業務成本＋其他業務成本＝200,000＋0＝200,000（元）

（3）營業利潤＝營業收入－營業成本－銷售費用－管理費用－財務費用－營業稅金及附加－資產減值損失＋公允價值變動收益＋投資收益＝1,200,000－200,000－250,000－80,000－50,000－20,000－50,000＋0＋50,000＝600,000（元）

（4）利潤總額＝營業利潤＋營業外收入－營業外支出＝600,000＋20,000－50,000＝570,000（元）

（5）淨利潤＝利潤總額－所得稅費用＝570,000－190,000＝380,000（元）

根據上述數據，編製12月份利潤表，如表9-14所示。

表9-14　　　　　　　　　　　利　潤　表

會企02表

編製單位：　　　　　　　201×年12月　　　　　　　　　　　單位：元

項　　　目	行次	本期金額	上期金額（略）
一、營業收入		1,200,000	
減：營業成本		200,000	
營業稅金及附加		20,000	
銷售費用		250,000	
管理費用		80,100	

表9-14(續)

項　　目	行次	本期金額	上期金額（略）
財務費用		50,000	
資產減值損失		50,000	
加：公允價值變動收益（損失以「-」號填列）		0	
投資收益（損失以「-」號填列）		50,000	
其中：對聯營企業和合營企業的投資收益		0	
二、營業利潤（虧損以「-」號填列）		600,000	
加：營業外收入		20,000	
減：營業外支出		50,000	
其中：非流動資產處置損失		（略）	
三、利潤總額（虧損總額以「-」號填列）		570,000	
減：所得稅費用		190,000	
四、淨利潤（淨虧損以「-」號填列）		380,000	
五、每股收益：		（略）	
（一）基本每股收益			
（二）稀釋每股收益			

9.2.4 現金流量表的編製

9.2.4.1 現金流量表的概念和作用

現金流量表是指反應企業在一定會計期間的現金和現金等價物流入和流出的會計報表。從編製原理上看，現金流量表按照收付實現制編製，將權責發生制下的盈利信息調整為收付實現制下的現金流量信息，便於信息使用者瞭解企業淨利潤的質量。從內容上看，現金流量表被劃分為經營活動、投資活動和籌資活動三個部分，每類活動又分為各具體項目，這些項目從不同角度反應企業業務活動的現金流入與流出，彌補了資產負債表和利潤表提供信息的不足。通過現金流量表，報表使用者能夠瞭解現金流入流出的原因，評價企業的支付能力、償債能力和週轉能力，預測企業未來現金流量，為其決策提供有力依據。

9.2.4.2 現金流量表的內容和結構

（1）現金流量表的內容

①經營活動產生的現金流量

主要反應企業銷售商品、提供勞務、經營性租賃、購買貨物、接受勞務、製造產品、廣告宣傳、推銷產品、繳納稅款等營業活動帶來的現金流入和流出情況。

②投資活動產生的現金流量

主要反應企業長期資產的購建以及不包括在現金等價物範圍內的投資及其處置活動帶來的現金流入和流出情況。

③籌資活動產生的現金流量

主要反應導致企業資本結構及債務規模和構成發生變化的說動帶來的現金流入和流出情況。

④現金流量表補充資料。

主要反應企業將淨利潤調節為經營活動的現金流量、不涉及現金收支的重大投資和籌資活動、現金和現金等價物淨變動情況。

（2）現金流量表

在中國，現金流量表包括主表和附表兩部分，具體結構見表9-15、表9-16。

表9-15　　　　　　　　　　　　現金流量表

會企03表

編製單位：　　　　　　　　　　　　年度　　　　　　　　　　　　單位：元

項　目	行次	本期金額	上期金額
一、經營活動產生的現金流量：			
銷售商品、提供勞務收到的現金			
收到的稅費返還			
收到其他與經營活動有關的現金			
經營活動現金流入小計			
購買商品、接受勞務支付的現金			
支付給職工以及為職工支付的現金			
支付的各項稅費			
支付其他與經營活動有關的現金			
經營活動現金流出小計			
經營活動產生的現金流量淨額			
二、投資活動產生的現金流量：			
收回投資收到的現金			
取得投資收益收到的現金			
處置固定資產、無形資產和其他長期資產收回的現金淨額			
處置子公司及其他營業單位收到的現金淨額			
收到其他與投資活動有關的現金			
投資活動現金流入小計			

表9-15(續)

項　　目	行次	本期金額	上期金額
購建固定資產、無形資產和其他長期資產支付的現金			
投資支付的現金			
取得子公司及其他營業單位支付的現金淨額			
支付其他與投資活動有關的現金			
投資活動現金流出小計			
投資活動產生的現金流量淨額			
三、籌資活動產生的現金流量：			
吸收投資所收到的現金			
取得借款收到的現金			
收到其他與籌資活動有關的現金			
籌資活動現金流入小計			
償還債務支付的現金			
分配股利、利潤或償付利息支付的現金			
支付其他與籌資活動有關的現金			
籌資活動現金流出小計			
籌資活動產生的現金流量淨額			
四、匯率變動對現金及現金等價物的影響			
五、現金及現金等價物淨增加額			
加：期初現金及現金等價物余額			
六、期末現金及現金等價物余額			

表9-16　　　　　　　　現金流量表補充資料

補　充　資　料	本期金額	上期金額
1. 將淨利潤調節為經營活動現金流量：		
淨利潤		
加：資產減值準備		
固定資產折舊、油氣資產折耗、生產性生物資產折舊		
無形資產攤銷		
長期待攤費用攤銷		
處置固定資產、無形資產和其他長期資產的損失（收益以「－」號填列）		

表9－16(續)

補 充 資 料	本期金額	上期金額
固定資產報廢損失（收益以「－」號填列）		
財務費用（收益以「－」號填列）		
投資損失（收益以「－」號填列）		
遞延所得稅資產減少（增加以「－」號填列）		
遞延所得稅負債增加（減少以「－」號填列）		
存貨的減少（增加以「－」號填列）		
經營性應收項目的減少（增加以「－」號填列）		
經營性應付項目的增加（減少以「－」號填列）		
其他		
經營活動產生的現金流量淨額		
2. 不涉及現金收支的重大投資及籌資活動：		
債務轉為資本		
一年內到期的可轉換公司債券		
融資租入固定資產		
3. 現金及現金等價物淨變動情況		
現金的期末余額		
減：現金的期初余額		
加：現金等價物的期末余額		
減：現金等價物的期初余額		
現金及現金等價物淨增加額		

如表9－15、表9－16所示，現金流量表包括兩大部分，一是正表部分（表9－15），二是補充資料部分（表9－16）。在正表部分，分段揭示經營活動、投資活動和籌資活動產生的現金流量。

9.2.4.3 現金流量表的編製方法

在中國，企業經營活動產生的現金流量應當採用直接法填列。直接法是指通過現金收入和現金支出的主要類別列示經營活動的現金流量。在具體運用直接法時，有關現金流量的信息可以從會計記錄中直接獲得，也可以在利潤表營業收入、營業成本等數據的基礎上，通過調整存貨和經營性應收應付項目的變動，以及固定資產折舊、無形資產攤銷等項目后獲得。間接法是指以本期淨利潤為起點，通過調整不涉及現金的收入、費用、營業外收支以及經營性應收應付等項目的增減變動，調整不屬於經營活動的現金收支項目，據此計算並列報經營活動產生的現金流量的方法。

9.2.5 所有者權益變動表的編製

9.2.5.1 所有者權益變動表的內容和結構

所有者權益變動表是反應構成所有者權益的各組成部分當期的增減變動情況的財務報表。所有者權益變動表應當全面反應一定時期所有者權益變動的情況，不僅包括所有者權益總量的增減變動，還包括所有者權益增減變動的重要結構性信息，特別要反應直接計入所有者權益的利得或損失，讓報表使用者準確理解所有者權益增減變動的根源。所有者權益變動表的基本格式如表9-17所示。

表9-17　　　　　　　　　　所有者權益變動表

會企04表

編製單位：　　　　　　　　　　　　　　　年度　　　　　　　　　　單位：元

項　目	本年金額							上年金額						
	實收資本（或股本）	資本公積	減：庫存股	盈余公積	未分配利潤	所有者權益合計	實收資本（或股本）	資本公積	減：庫存股	盈余公積	未分配利潤	所有者權益合計
一、上年年末余額												
加：會計政策變更												
前期差錯更正												
二、本年年初余額												
三、本年增減變動金額（減少以「－」號填列）												
（一）淨利潤												
（二）直接計入所有者權益的利得和損失												
1. 可供出售金融資產公允價值變動淨額												
2. 權益法下被投資單位其他所有者權益變動的影響												
3. 與計入所有者權益項目相關的所得稅影響												
4. 其他												
上述（一）和（二）小計												
（三）所有者投入和減少資本												
1. 所有者投入資本												
2. 股份支付計入所有者權益的金額												
3. 其他												
（四）利潤分配												
1. 提取盈余公積												
2. 對所有者（或股東）的分配												
3. 其他												
（五）所有者權益內部結轉												
1. 資本公積轉增資本（或股本）												

表9-17(續)

項 目	本年金額						上年金額					
	實收資本(或股本)	資本公積	減：庫存股	盈余公積	未分配利潤	所有者權益合計	實收資本(或股本)	資本公積	減：庫存股	盈余公積	未分配利潤	所有者權益合計
2. 盈余公積轉增資本（或股本）												
3. 盈余公積彌補虧損												
4. 其他												
四、本年年末余額												

9.2.5.2 所有者權益變動表的編製

（1）所有者權益變動表的「上年金額」欄內各項數字，根據上年度所有者權益變動表「本年金額」欄所列數字填列；

（2）所有者權益變動表的「本年金額」欄內各項數字一般應根據「實收資本（或股本）」「資本公積」「盈余公積」「利潤分配」「庫存股」「以前年度損益調整」等帳戶的發生額分析填列。

9.2.6 財務報表附註

財務報表附註是對在會計報表中列示項目的文字描述或明細資料，以及對未能在這些報表中列示項目的說明等。財務報表附註的相關信息應當與資產負債表、利潤表、現金流量表和所有者權益變動表等報表中的項目相互參照

根據企業會計準則的規定，財務報表附註應當按照一定的結構進行系統合理的排列和分類，有順序地披露信息。附註中至少應當披露下列內容：企業的基本情況；財務報表的編製基礎；遵循企業會計準則的聲明；重要會計政策的說明，包括財務報表項目的計量基礎和會計政策的確定依據等；重要會計估計的說明，包括下一會計期間內很可能導致資產和負債帳面價值重大調整的會計估計的確定依據等；會計政策和會計估計變更以及差錯更正的說明；對已在資產負債表、利潤表、所有者權益變動表和現金流量表中列示的重要項目的進一步說明，包括終止經營稅后利潤的金額及其構成情況等；或有和承諾事項、資產負債表日后非調整事項、關聯方關係及其交易等需要說明的事項。

9.3 財務會計報告的解讀

財務會計報告呈現給每一個財務信息使用者關於企業資產、負債、所有者權益、收入、成本費用、淨利潤、現金的流入和流出等數字信息。對這些數字，不同的信息使用者會有不同的理解，不同企業的同樣一個財務指標中相同的數據所反應的內在財務信息也是不同的。另外，每種報表都有其特定目的，報表之間有相互印證的財務關

係。如果孤立地運用這些會計信息，會計信息使用者將難以做出正確決策。為了滿足會計信息使用者對會計信息瞭解的更高要求，需要我們對財務會計報告做進一步的解讀，以便正確地理解財務會計信息。

9.3.1 財務會計報告的解讀方法

9.3.1.1 比較分析法

比較分析法是將會計報表中某些項目或財務指標與另外的相關資料相比較，以說明、評價企業的財務狀況、經營業績的一種常用報表分析方法。

（1）比較標準選擇。財務會計報告使用者根據不同的分析目的，可以將企業的實際指標與不同的標準進行比較，以滿足不同的需求。可以選擇的標準主要有：

①預定目標、計劃或定額；
②上年同期實際指標或歷史最高水平；
③國內外先進水平；
④行業評價標準值；
⑤主要競爭對手水平。

（2）比較方式

在實際運用中，可以採用以下兩種比較方式：

①絕對值比較。將兩期或兩期以上報表項目並列對比，或者將本企業與其他企業的報表項目進行對比，計算比較對象各有關項目之間的差額。

②相對值比較。通過計算增減變動百分比，以反應其不同年度增減變動的相關性。公式：

$$增減變動百分比 = （增加或減少額 \div 上期數）\times 100\%$$

絕對值比較只說明差異金額，沒有表明變動程度，相對值比較可以進一步說明變動程度。在實際中結合使用，可以做出更充分的判斷和更準確的評價。

在對經濟指標進行比較分析時，應注意各經濟指標必須具有可比性，也就是用來進行對比分析的經濟指標計算口徑須一致，指標的計價基礎要一致，指標的計算時間單位要一致。只有具備可比性的經濟指標才能進行比較分析。

9.3.1.2 結構分析法

結構分析法是指將會計報表中某一關鍵項目的數字作為基數，計算該項目各個組成部分占總體的百分比，以分析總體構成的變化，並可以使各個組成項目的相對重要性明顯表現出來，從而揭示出財務報表中各項目的相對地位和總體結構關係。常見的結構分析有資產結構分析、資本結構分析、盈利結構分析、現金流量結構分析等。

在運用結構分析法分析財務報表時，資產負債表一般選擇資產總額為基數分析資產結構，選擇負債及所有者權益總額為基數分析資本結構，利潤表一般選擇營業收入為基數進行分析。

9.3.1.3 趨勢分析法

趨勢分析法是通過連續若干期財務報告中相同指標的對比，來揭示各期之間的增

減變化，據以預測企業財務狀況或經營成果變動趨勢的一種分析方法。

趨勢分析需要計算趨勢百分比，趨勢百分比的計算有定比和環比兩種方式。

（1）定比分析。它是選定某一時期的數額為固定的基期數額，將其余各年數額與基期數額進行比較而計算趨勢百分比。計算公式為：

$$定比趨勢百分比 = 分析期數額 \div 固定基期數額$$

（2）環比分析。它是將連續各年數額與上期數額進行比較而計算趨勢百分比。計算公式為：

$$環比趨勢百分比 = 分析期數額 \div 上期數額$$

9.3.1.4 比率分析法

比率分析法是計算各項指標之間的相對數，比較各種比率的一種方法。比率是指相互聯繫的兩個指標之間的對比關係，以分子和分母的形式計算。採用這種方法，將分析對比的數值變成相對數，可將某些不同條件下不可比的指標變為可比指標。根據分析的不同內容和要求，可採用不同的比率進行比較。常見的比率有反應償債能力的比率、反應獲利能力的比率、反應營運能力的比率等。

9.3.1.5 因素分析法

因素分析法是通過分析影響財務指標的各項因素並計算其對指標的影響程度，來說明本期實際與計劃或基期相比財務指標變動情況或產生差異的主要原因的一種分析方法。

企業是一個有機整體，每個財務指標的高低都受其他因素的驅動。這種影響對會計主體是有利的還是不利的，影響有多大，都需要對各個因素的變動情況進行測定。因素分析法可以幫助人們抓住主要矛盾，更有說服力地評價經營狀況。

按計算方法的不同，可分為連環替代法和差額分析法。其中連環替代法為其基本方法，差額分析法為簡化方法。這裡著重介紹連環替代法。

連環替代法的分析步驟如下：

（1）根據各個因素的基準值，求得被分析指標的基準額；

（2）以各個因素的實際數依次替換基準值，每次替換後，實際數就被保留下來，如有兩個因素就替換兩次，有三個因素就替換三次，以此類推，直到所有因素都變為實際數為止。這一步要特別注意因素替代的順序通常是先數量指標後質量指標，先實物量指標後貨幣量指標，先主要指標後次要指標；

（3）將每次替換所得的結果，與前一個計算結果相比較，兩者的差異就是某一因素對完成結果的影響程度；

（4）求出的各因素影響數值的總和，應等於分析指標的實際數與基準值之間的總差異額，即分析對象。

9.3.2 財務會計報告解讀的一般步驟

9.3.2.1 資產負債表解讀步驟

（1）瀏覽資產負債表的主要內容，對企業的資產、負債及股東權益的總額及其內

部各項目的構成和增減變化有一個初步的認識；

（2）對資產負債表的一些重要項目，尤其是期初與期末數據變化很大，或出現大額紅字的項目進行進一步分析；

（3）利用財務報表數據，對一些基本財務指標進行計算並分析變動原因；

（4）運用趨勢分析法分析企業的財務狀況發展趨勢；

（5）在以上工作的基礎上，對企業的財務狀況、償債能力等方面進行綜合評價。

9.3.2.3 利潤表解讀步驟

（1）從總體上觀察企業全年所取得的利潤大小及其組成是否合理；

（2）通過有關比率指標的計算，來說明企業的盈利能力情況；

（3）利用資產負債表和利潤表的數據資料，計算營運能力有關指標，說明企業資產營運使用水平；

（4）運用趨勢分析法分析企業的獲利能力發展趨勢；

（5）在以上工作的基礎上，對企業的獲利能力、償債能力、營運能力等方面進行綜合評價。

9.3.2.2 現金流量表解讀步驟

（1）從總體上觀察現金流量的大小及其組成是否合理；

（2）通過有關比率指標的計算，來說明企業獲取現金的能力；

（3）運用趨勢法分析現金流量的發展趨勢；

（4）在以上工作的基礎上，對企業的財務狀況、償債能力、獲利能力和現金流量能力方面進行綜合評價。

9.3.3 基本財務指標的解讀

9.3.3.1 償債能力解讀

償債能力是指企業對各種債務償付的能力，它反應了企業償還短期債務和長期債務的能力強弱，是企業經濟實力和財務狀況的重要體現，也是衡量企業是否穩健經營財務風險大小的重要尺度。

（1）短期償債能力解讀

①流動比率。企業流動資產總額與流動負債總額的比值稱為流動比率，用以衡量企業在某一時點用現有的流動資產去償還到期流動負債的能力。計算公式如下：

$$流動比率 = 流動資產 \div 流動負債$$

流動比率是相對數，排除了企業規模不同的影響，更適合同業比較以及本企業不同歷史時期的比較。一般地說，該比率越高，表明企業資產的流動性越大，變現能力越強，短期償債能力相應越高。長期經驗證明，流動比率一般維持在2：1左右，就視為企業具有充裕的短期償債能力

②速動比率。企業速動資產與流動負債的比值稱為速動比率。速動資產包括貨幣資金、交易性金融資產和各種應收、預付款項等，用於衡量企業在某一時點運用隨時

可變現流動資產償付到期流動負債的能力。計算公式如下：

$$速動比率 = 速動資產 \div 流動負債$$

速動比率是對流動比率的補充，是在剔除了流動資產中變現力差的資產後，計算企業實際的短期債務償還能力，較為準確。儘管流動比率能較好地反應企業資產的流動性和短期償債能力，但由於流動資產包括了一部分流動性較差的資產（如存貨和待攤費用等）。如果這部分資產在流動資產中所占份額較高，流動比率用於衡量企業短期償債能力的作用將大打折扣。

一般來說，速動比率應維持在1：1左右，企業才具有較強的短期償債能力。

③現金比率。現金資產與流動負債的比值稱為現金比率。現金資產是指在速動資產中，流動性最強、可直接用於償債的資產，包括「貨幣資金」和「交易性金融資產」。其計算公式為：

$$現金比率 = （貨幣資金 + 交易性金融資產） \div 流動負債$$

現金資產與其他速動資產有區別，其本身就是可以直接償債的資產。因此評價企業短期償債能力的最佳指標是現金比率，它表明每1元流動負債有多少現金資產作償債的保障。

④經營活動現金流量比率。經營活動淨現金流量與流動負債的比值稱為經營活動淨現金流量比率，它表明每1元流動負債的經營活動淨現金流量保障程度。該比率越高，償債越有保障。

$$經營活動現金流量比率 = 經營活動淨現金流量 \div 流動負債$$

公式中的「經營活動淨現金流量」是指現金流量表中的「經營活動產生的現金流量淨額」。經營活動淨現金流量屬於時期指標，流動負債屬於時點指標，因此，公式中的「流動負債」通常使用年初與年末的平均數。為了簡便，也可以使用期末數。

(2) 長期償債能力解讀

①資產負債率。它是企業負債總額對資產總額的比率，其計算公式如下：

$$資產負債率 = （負債總額 \div 資產總額） \times 100\%$$

資產負債率反應總資產中有多大比例是通過負債取得的，是衡量企業負債水平及風險程度的重要判斷標準。資產負債率越低，企業償債越有保證，貸款越安全。資產負債率還代表企業的舉債潛力。一個企業的資產負債率越低，舉債潛力越大。該指標不論對企業投資人還是企業債權人都十分重要，適度的資產負債率既能表明企業投資人、債權人的投資風險較小，又能表明企業經營安全，穩健有效，具有較強的籌資能力。

②產權比率。產權比率又稱負債權益比率，是企業負債總額與所有者權益之比。它反應了債權人提供的資本與所有者提供的資本相對的關係，說明企業的財務結構與債權人投入的資本受所有者權益的保障程度。其計算公式如下：

$$產權比率 = 負債總額 \div 股東權益$$

產權比率表明1元股東權益所能保障的借入債務數額。產權比率越低，表示企業的長期償債能力越強，債權人就越有安全感；反之，比率越高，企業長期償債能力越

弱，債權人就不安全。這個指標的評價標準，一般應小於1。

③權益乘數。權益乘數反應所有者權益與總資產的關係，表明1元股東權益擁有的總資產。其計算公式如下：

$$權益乘數 = 總資產 \div 股東權益 \quad (= 1 + 產權比率)$$

權益乘數越大，說明企業負債程度越高，能給企業帶來較大的財務槓桿利益，但同時也帶來了較大的償債風險。因此，企業既要合理使用全部資產，又要妥善安排資本結構。

④利息保障倍數。它是指息稅前利潤為利息費用的倍數。利息保障倍數反應了當期企業收益是所需支付的債務利息的多少倍，從償債資金來源角度考察企業債務利息的償還能力，從而表明企業債務政策的風險大小和長期償債能力。其計算公式如下：

$$利息保障倍數 = 息稅前利潤 \div 利息費用$$

息稅前利潤等於淨利潤加利息費用加所得稅費用，通常可以用財務費用的數額作為利息費用。如果利息保障倍數小於1，表明自身產生的經營收益不能支持現有的債務規模。利息保障倍數等於1也很危險，因為息稅前利潤受經營風險的影響，不穩定，而利息的支付却是固定數額。利息保障倍數越大，公司擁有的償還利息的緩衝資金越多。

⑤經營活動現金流量債務比。它是指經營活動所產生的現金淨流量與債務總額的比率。該比率表明企業用經營活動現金流量償付全部債務的能力。其計算公式如下：

$$經營活動現金流量債務比 = 經營現金流量 \div 債務總額$$

該比率越高，承擔債務總額的能力越強。由於分子的經營現金流量是時期指標，所以分母的債務總額一般用年初和年末的加權平均數。為了簡便，也可以使用期末數。

9.3.3.2 營運能力解讀

營運能力是指企業經營、管理和使用資產效率的能力。其主要解讀指標如下：

（1）應收帳款週轉率。它是指企業商品或產品賒銷收入淨額與應收帳款平均餘額的比率，說明應收帳款的變現速度。應收帳款週轉率有應收帳款週轉次數和應收帳款週轉天數兩種表示形式。其計算公式如下：

$$應收帳款週轉次數 = 賒銷收入淨額 \div 應收帳款平均餘額$$

$$應收帳款週轉天數 = 365 \div 應收帳款週轉次數$$

應收帳款週轉次數，表明應收帳款一年可以週轉的次數，或者說明1元應收帳款投資可以支持的銷售收入。應收帳款週轉天數，也稱為應收帳款的收現期，表明從銷售開始到回收現金平均需要的天數。

（2）存貨週轉率。它是指企業一定時期營業成本與存貨平均餘額的比率，反應企業生產經營各環節的管理狀況以及企業的償債能力和獲利能力。存貨週轉率有存貨週轉次數和存貨週轉天數兩種表示形式。其計算公式如下：

$$存貨週轉週轉次數 = 營業成本 \div 存貨平均餘額$$

$$存貨週轉天數 = 365 \div 存貨週轉次數$$

存貨週轉速度的快慢，對企業的償債能力及其獲利能力產生決定性的影響。一般

來講，存貨週轉次數越高，存貨週轉天數越低越好。存貨週轉率越高，表明存貨變現的速度越快，週轉額越大，資金占用水平越低。

（3）流動資產週轉率。流動資產週轉率，是企業一定時期營業收入淨額與流動資產平均余額的比率。有兩種表示形式，其計算公式為：

$$流動資產週轉次數 = 營業收入淨額 \div 流動資產平均余額$$
$$流動資產週轉天數 = 365 \div 流動資產週轉次數$$

流動資產週轉次數，表明流動資產一年中週轉的次數，或者說是1元流動資產所支持的銷售收入。流動資產週轉天數表明流動資產週轉一次所需要的時間，也就是期末流動資產轉換成現金平均所需要的時間。流動資產與收入比，表明1元收入所需要的流動資產投資。通常，流動資產中應收帳款和存貨占絕大部分，因此它們的週轉狀況對流動資產週轉具有決定性影響。

（4）非流動資產週轉率

非流動資產週轉率是營業收入淨額與非流動資產平均余額的比值，也有兩種表示形式，其計算公式為：

$$非流動資產週轉次數 = 營業收入淨額 \div 非流動資產平均余額$$
$$非流動資產週轉天數 = 365 \div 非流動資產週轉次數$$

非流動資產週轉率反應非流動資產的管理效率。分析時主要是針對投資預算和項目管理，分析投資與其競爭戰略是否一致，收購和剝離政策是否合理等。

（5）總資產週轉情況

總資產週轉率是營業收入淨額與總資產平均余額的比值，有兩種表示形式，其計算公式為：

$$總資產週轉週轉次數 = 營業收入淨額 \div 總資產平均余額$$
$$總資產週轉天數 = 365 \div 總資產週轉次數$$

一般情況下，總資產週轉率越高越好。總資產週轉率高，表明企業全部資產的使用效率較高，盈利性越好。

9.3.3.3　盈利能力解讀

盈利能力是企業獲取利潤的能力。它是衡量企業經營成果的重要指標。其主要指標如下：

（1）營業利潤率

營業利潤率，是企業一定時期營業利潤與營業收入的比率。其計算公式為：

$$營業利潤率 = 營業利潤 \div 營業收入 \times 100\%$$

營業利潤率越高，表明企業市場競爭力越強，發展潛力越大，盈利能力越強。

（2）成本費用利潤率

成本費用利潤率，是企業一定時期利潤總額與成本費用總額的比率。其計算公式為：

$$成本費用利潤率 = 利潤總額 \div 成本費用總額 \times 100\%$$

其中，成本費用總額 = 營業成本 + 營業稅金及附加 + 銷售費用 + 管理費用 + 財務費用

成本費用利潤率越高，表明企業為取得利潤而付出的代價越小，成本費用控制得越好，盈利能力越強。

（3）總資產報酬率

總資產報酬率，是企業一定時期內獲得的報酬總額與平均資產總額的比率，反應了企業資產的綜合利用效果。其計算公式為：

$$總資產報酬率 = 息稅前利潤 \div 平均資產總額$$

一般情況下，總資產報酬率越高，表明企業的資產利用效益越好，整個企業盈利能力越強。

（4）淨資產收益率

淨資產收益率，是企業一定時期淨利潤與平均淨資產的比率，反應了企業自有資金的投資收益水平。其計算公式為：

$$淨資產收益率 = 淨利潤 \div 平均淨資產 \times 100\%$$

一般認為，淨資產收益率越高，企業自有資本獲取收益的能力越強，營運效益越好，對企業投資人、債權人利益的保證程度越高。

（5）資本收益率

資本收益率，是企業一定時期淨利潤與平均資本（即資本性投入及其資本溢價）的比率，反應企業實際獲得投資額的回報水平。其計算公式如下：

$$資本收益率 = 淨利潤 \div 平均資本$$

（6）每股收益

每股收益也稱每股利潤或每股盈余，是反應企業普通股股東持有每一股份所能享有企業利潤或承擔企業虧損的業績評價指標。每股收益的計算包括基本每股收益和稀釋每股收益。基本每股收益的計算公式為：

$$基本每股收益 = \frac{歸屬於普通股東的當期淨利潤}{當期發行在外普通股的加權平均數}$$

稀釋每股收益是在考慮潛在普通股稀釋性影響的基礎上，對基本每股收益的分子、分母進行調整後再計算的每股收益。每股收益越高，表明公司的獲利能力越強。

（7）每股股利

每股股利，是上市公司本年發放的普通股現金股利總額與年末普通股總數的比值，反應上市公司當期利潤的累積和分配情況。其計算公式為：

$$每股股利 = 普通股股利總額 \div 年末普通股總數$$

（8）市盈率

市盈率，是上市公司普通股每股市價相當於每股收益的倍數，反應投資者對上市公司每股淨利潤願意支付的價格，可以用來估計股票的投資報酬和風險。其計算公式為：

$$市盈率 = 普通股每股市價 \div 普通股每股收益$$

一般來說，市盈率高，說明投資者對該公司的發展前景看好，願意出較高的價格購買該公司股票，所以一些成長性較好的高科技公司股票的市盈率通常要高一些。但

是，也應注意，如果某一種股票的市盈率過高，則也意味著這種股票具有較高的投資風險。

(9) 每股淨資產

每股淨資產，是上市公司年末淨資產（即股東權益）與年末普通股總數的比值。其計算公式為：

$$每股淨資產 = 年末股東權益 \div 年末普通股總數$$

9.3.4 綜合解讀

綜合解讀方法主要有杜邦財務分析法和沃爾比重評分法。

(1) 杜邦財務分析法

杜邦財務分析法（簡稱杜邦體系），是利用各財務指標間的內在關係，對企業綜合經營理財及經濟效益進行系統分析評價的方法。該方法以淨資產收益率為核心，將其分解為若干財務指標，通過分析各分解指標的變動對淨資產收益率的影響來揭示企業獲利能力及其變動原因。杜邦體系各主要指標之間的關係如下：

$$\frac{淨資產收益率}{} = \frac{總資產淨利率}{} \times 權益乘數 = \frac{營業淨利率}{} \times \frac{總資產週轉率}{} \times 權益乘數$$

其中：營業淨利率 = 淨利潤 ÷ 營業收入

總資產週轉率 = 營業收入 ÷ 平均資產總額

權益乘數 = 資產總額 ÷ 所有者權益總額 = 1 ÷（1 - 資產負債率）

在具體運用杜邦體系進行分析時，可以採用因素分析法，首先確定營業淨利率、總資產週轉率和權益乘數的基準值，然後順次代入這三個指標的實際值，分別計算分析這三個指標的變動對淨資產收益率的影響方向和程度；還可以使用因素分析法進一步分解各個指標並分析其變動的深層次原因，找出解決的方法。

(2) 沃爾比重評分法

沃爾比重評分法是指將選定的財務比率用線性關係結合起來，並分別給定各自的分數比重，然後通過與標準比率進行比較，確定各項指標的得分及總體指標的累計分數，從而對企業的信用水平做出評價的方法。

沃爾比重評分法的基本步驟包括：① 選擇評價指標並分配指標權重；② 確定各項評價指標的標準值與標準系數；③ 對各項評價指標計分並計算綜合分數；④ 形成評價結果。

國家圖書館出版品預行編目(CIP)資料

企業會計學基礎 / 謝合明 主編. -- 第三版.
-- 臺北市：崧博出版：崧樺文化發行，2018.09
　　面；　　公分
ISBN 978-957-735-502-7(平裝)
1.企業會計學
495　　107015389

書　　名：企業會計學基礎
作　　者：謝合明 主編
發行人：黃振庭
出版者：崧博出版事業有限公司
發行者：崧燁文化事業有限公司
E-mail：sonbookservice@gmail.com
粉絲頁　　　　　　網　　址：
地　　址：台北市中正區重慶南路一段六十一號八樓 815 室
8F.-815, No.61, Sec. 1, Chongqing S. Rd., Zhongzheng Dist., Taipei City 100, Taiwan (R.O.C.)
電　　話：(02)2370-3310　傳　真：(02) 2370-3210
總經銷：紅螞蟻圖書有限公司
地　　址：台北市內湖區舊宗路二段 121 巷 19 號
電　　話：02-2795-3656　　傳真：02-2795-4100　　網址：
印　　刷：京峯彩色印刷有限公司（京峰數位）

　　本書版權為西南財經大學出版社所有授權崧博出版事業有限公司獨家發行電子書繁體字版。若有其他相關權利及授權需求請與本公司聯繫。

定價：350 元
發行日期：2018 年 9 月第三版
◎ 本書以POD印製發行